Le Référentiel

Différents phénomènes de la physique

Auteur : François Michaud

Mot de l'auteur : « *Toute chose compliquée peut être simplement expliquée* »

ATTENTION : Un (un seul) des chapitres de ce livre est totalement faux. Il raconte n'importe quoi et je vous mets au défi de trouver lequel. Pourquoi ? C'est assez simple, je ne veux pas que vous lisiez ce livre et prendre tout ce qu'il contient pour acquis ; comme si c'était une vérité absolue. Tout bon scientifique doit vérifier ses sources et être critique sur l'information qu'il obtient. Tout au long de l'écriture de ce livre, j'ai pris le temps d'aller chercher de l'information vérifiée et qui provient de plusieurs sources différentes pour parler avec le plus de justesse possible et de précision sur les sujets scientifiques traités. Tous les chapitres, sauf un seul, parlent de vrais sujets. Le chapitre « intru » parmi les autres n'est pas évident à être pointé du doigt. Ne vous inquiétez pas, vous allez tout de même savoir lequel ce sera, je le mentionnerai à la fin du chapitre en question.

Remerciement :

Je tiens à remercier tous mes proches qui m'ont soutenu et encouragé à l'écriture de ce présent livre. Un merci particulier à Massinissa, qui a su me conseiller, lire mes premiers jets de chapitres et qui m'a donné la motivation de continuer jusqu'au bout.

Table des matières

Les Atomes

Vous vous êtes probablement déjà demandé : de quoi ou en quoi sont faites les choses.

Ce qu'on touche, ce qu'on voit, c'est fait de quoi ? Alors une réponse simple est de déterminer et détailler les composants de ce qu'on voit.

Si on prend un crayon par exemple…, bah on peut dire que le crayon est fait de bois, d'une mine de plomb, de plastique, de métal, etc. C'est un début, mais… le bois, le métal, le plastique du crayon, c'est fait de quoi ?

Si on zoom et qu'on regarde de plus près, est-ce que des morceaux plus petits font en sorte que le bois est du bois et que le métal est du métal ?

Eh bien cette question, si vous ne vous l'êtes pas posée, des gens de l'antiquité eux ; oui

Si on remonte au temps des philosophes de l'antiquité, leur passetemps principal était de penser. Eh ouais ! Ils adoraient penser à tout ce qui pouvait soulever une réflexion ou une question. Autre chose qu'ils aimaient faire c'était de donner des explications, un sens, à des phénomènes qu'ils observaient.

Bon, parfois même très souvent ça ne donnait soit pas grand-chose, sois du n'importe quoi ou encore une bonne histoire à raconter. Toutefois, ces philosophes pouvaient tout de même faire des expériences de pensée assez poussées.

Si on revient à notre question de départ : de quoi sont faites les choses ?

Imaginez que vous avez une paire de ciseaux qui coupe incroyablement bien d'une main et une pomme dans l'autre. Avec vos ciseaux, vous coupez la pomme en deux, puis en

1

quatre, en huit, en seize, etc. Vous continuez jusqu'à avoir de très petits morceaux de pomme. Admettons que vos ciseaux sont de ce qu'il y a de meilleur, et que vous prenez le plus petit morceau de pomme que vous trouvez et continuez de le couper successivement en plus petits morceaux encore.

Alors, si on répète le processus des milliers ou millions de fois : pensez-vous qu'à un moment donné on ne pourra plus couper un morceau en deux ? Un dernier morceau indivisible, qu'on ait atteint une limite ?

La réponse : oui, la nature en impose une, une limite.

Les philosophes de l'antiquité, que je vous parlais à l'époque, ont appelé le dernier morceau : atomos « indivisible » et comme on les appels aujourd'hui, les atomes.

Ok, maintenant on sait de quoi est fait ce qui est matériel autour de nous : d'atomes. Mais c'est quoi en fait un atome ? Est-ce qu'eux aussi sont faits de quelque chose d'autre ? Remontons un peu dans l'histoire des atomes et donnons une définition qui pourrait aider à éclaircir ces questions.

Tout d'abord un atome, dit simplement c'est un élément de matière. Alors il y a plusieurs sortes d'atomes : carbone, oxygène, hydrogène, fer, plomb, cuivre, etc. L'assemblage de ces atomes est le résultat de ce qui compose ce qu'on voit autour de nous.

Bon déjà il y a quelque chose qu'il faut tout de suite mettre au clair, un atome, c'est petit, mais genre extrêmement petit.

Impossible de le voir à l'œil nu ni habillé…, ni même avec un microscope optique moderne. Pour vous donner l'idée de la grandeur d'un atome, prenez par exemple la pointe d'une aiguille à coudre : dans cette pointe d'aiguille, il y a des milliards d'atomes, oui des milliards. Vous comprenez donc pourquoi on ne les voit pas.

Maintenant que vous en savez un peu plus sur les atomes, il serait intéressant de savoir à quoi ressemble leur structure et ce qui différencie un atome d'hydrogène d'un atome d'or.

Tout d'abord, pour s'imaginer à quoi ressemble un atome, commençons par la base. On peut représenter un atome comme une petite bille. Cette petite bille est elle aussi composée d'autres petites billes ; les protons, les électrons et les neutrons. Retenez juste le nom de la dernière énumération, on va en reparler plus tard.

Alors au départ, les scientifiques ont imagé l'atome comme une petite bille, composé de rien d'autre (donc pas de proton, neutron, ni d'électron). À l'époque, les connaissances scientifiques étaient assez limitées. La technologie n'était pas assez évoluée pour permettre d'avoir de bons instruments de mesure et mener des expériences dans de beaux laboratoires bien garnis en équipements de tout genre.

Donc au départ, l'idée d'une petite bille ronde qui compose tout ce qui nous entoure, en s'arrangeant de différentes façons, ça plait bien. Cependant, ce n'est pas tous les scientifiques qui, dès le début, croyaient aux atomes. Certains pensaient même que tout était composé de feu, d'eau, d'air, de terre et d'éther en adhérant au propos d'un célèbre philosophe : Aristote.

Ainsi, ceux qui défendaient l'idée que la matière était composée de petits éléments (les atomes) on les appelait les atomistes (oui le mot atome est très souvent présent dans les dernières phrases, je m'excuse à mes anciens professeurs de français).

Donc on a des scientifiques atomistes qui pensent à un joli modèle simple, facile à comprendre : on est fait de petites billes.

3

Cette idée resta dans les grands esprits pendant de nombreuses années. Heureusement, le concept a évolué avec le temps.

Remontons en 1897 en Grande-Bretagne plus précisément au bureau d'un certain Joseph John Thomson, physicien britannique. Ce cher M. Thomson a exercé une influence remarquable concernant la compréhension de la structure des atomes. En effet, une bonne partie de ses recherches scientifiques étaient menées sur l'étude des tubes cathodiques.

Pour faire simple, un tube cathodique c'est seulement un tube de verre où l'on y a retiré tout l'air qui se trouvait à l'intérieur. Dans ce tube on y place deux plaques de métal séparées et parallèles l'une de l'autre. Lorsqu'on fait passer un courant électrique dans les deux plaques, des rayons sortent d'une des plaques pour aller dans l'autre. On appelle ces rayons des rayons cathodiques.

M. Thomson a remarqué qu'en approchant un champ magnétique ou électrique des rayons cathodiques, ces derniers déviaient de leur trajectoire. Il a donc conclu que les rayons étaient composés de particules chargées électriquement.

Il fallait bien cependant que ces particules viennent de quelque part, car comme le disait si bien Antoine Lavoisier : « *Rien ne se perd, rien ne se créer, tout se transforme* ».

Puisque les tubes cathodiques étaient à vide, les particules ne pouvaient pas provenir de l'air ou d'un gaz qui aurait pu se trouver à l'intérieur. Elles devaient donc provenir des plaques. Toutefois, en mesurant la masse des deux plaques après l'expérience, elle n'avait pas changé entre le début et la fin. Donc ce n'étaient pas des particules de la plaque « A » qui auraient voyagé de vers la plaque « B ».

Notre cher M. Thomson a donc conclu que ces particules, possédant une charge électrique négative, provenaient des atomes des plaques ; plus précisément de l'intérieur de ces derniers.

C'est ainsi que le modèle nommé « *plum pudding* » (ou pain aux raisins) est né. Oui, les atomes étaient comparés à du pain aux raisins. Thomson s'imaginait qu'un atome était une boule de « pâte » et qu'à l'intérieur de cette pâte se trouvaient des « billes » (comme des raisins dans un gâteau).

Puisque les « billes » contenues dans l'atome sont négatives, la « pâte » se devait d'avoir une charge électrique positive puisqu'un atome est électriquement neutre. Ainsi le positif de la pâte annule le négatif des charges. Il fallait cependant trouver un nom à ces particules négatives : on les a nommées les électrons.

On a maintenant déjà un modèle plus élaboré de l'atome, mais on est encore bien loin de ce qu'on connait aujourd'hui sur le sujet.

Allons-y progressivement. Effectuons un bon de quelques années plus tard, soit en 1911, dans le bureau de cette fois-ci, monsieur Ernest Rutherford, un autre britannique. Ce cher monsieur, également physicien et chimiste, décide un jour de mener une expérience. Il prend une feuille d'or, très mince ; d'une épaisseur d'une couche d'atome d'or.

L'expérience consistait à bombarder la feuille d'or avec des particules alpha, qui sont des particules radioactives chargées positivement, et d'observer comment ces particules allaient interagir avec la feuille d'or une fois qu'elles la rencontrent. Alors on peut d'avance poser quelques hypothèses sur ce que l'expérience pourrait peut-être donner comme résultat :

- La feuille pourrait bloquer toutes les particules. Si c'est le cas, on ne devrait pas retrouver des particules alpha de l'autre côté de la feuille.
- Les particules traversent toute la feuille. Si c'était le cas, ça veut tout simplement dire que les particules alpha n'ont pas d'interaction avec les atomes d'or.
- Que certaines particules pourraient passer au travers la feuille, mais d'autres pas.

Après avoir mené l'expérience, M. Rutherford a conclu que c'est la troisième hypothèse qui se réalisa : certaines particules passent au travers de la feuille (en grande majorité d'ailleurs), quelques-unes ne passent pas et d'autres dévient de leur trajectoire.

Stupéfait, Ernest Rutherford a pu déduire les faits suivants : la feuille d'or est majoritairement constituée de vide, ainsi que de quelques parties positives qui bloquent ou dévient les particules alpha dans leur trajectoire (étant donné que les particules de même signe électrique se repoussent).

Rappelez-vous, la feuille est en fait une couche d'atomes d'or. On sait donc maintenant que les atomes ne sont pas de simples billes faites d'une pâte positive et de particules négatives à l'intérieur. Ils seraient plutôt faits de principalement de vide, d'un noyau positif et de particules négatives (les électrons). On appel ce modèle « le modèle de Rutherford », qui ressemble un peu à un système planétaire comme ceci :

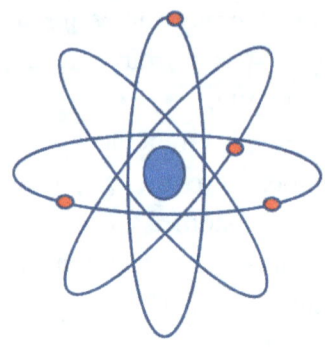

Sur cette image on voit à quoi ressemblerait un atome de béryllium, selon le modèle atomique de Rutherford.

Au centre de l'image, on voit une bille positive et autour on voit quatre petites billes négatives qui tournent autour du noyau sur une trajectoire orbitale. Un peu comme des planètes autour de leur étoile.

Chose importante à noter, l'image n'est pas du tout à l'échelle, il serait impossible de voir les billes sinon. Cette façon de représenter l'atome est élégante, certes, mais pas encore complète.

L'un des problèmes de ce modèle, dit d'une manière très simplifiée, est que les électrons pourraient tranquillement perdre de leur énergie et venir s'écraser sur le noyau. Or ce n'est pas le cas.

On doit attendre encore deux autres années avant d'avoir une évolution supplémentaire sur le modèle atomique de la part du très cher Niels Bohr.

En 1913, ce cher monsieur vient modifier le modèle de Rutherford pour y spécifier que les électrons se déplacent sur des orbites précises, à des distances spécifiques du noyau, sans pouvoir se trouver entre ces orbites.

Cet ajout vient régler le problème des électrons qui pourraient s'écraser sur le noyau, mais sans expliquer pourquoi les électrons choisiraient de se comporter ainsi.

Le modèle à encore évolué par la suite, mais on ne s'avancera pas davantage sur les modèles subséquents, sans quoi on entrerait dans un monde assez complexe et mystérieux qu'est la physique quantique.

On va alors se satisfaire du modèle de Bohr où on a un noyau positif et des électrons autour sur des orbites bien précises. Sans toutefois entrer dans le détail des modèles découverts par la suite, on va tout de même élaborer un peu ce qu'on sait aujourd'hui des composants des atomes : les électrons et le noyau.

Commençons avec les électrons, qu'on connait déjà. Ce sont les plus petits constituants des atomes. Leur charge électrique est négative et ils orbitent autour du noyau. Attention, quand on dit « orbitent autour du noyau », il serait faux d'assumer qu'ils tournent comme les planètes autour du soleil. Les orbites, pour être plus juste dans nos propos, sont les zones autour du noyau où les électrons peuvent se trouver.

Les électrons sont très importants pour les atomes. Sans les électrons, la vie sur terre ou ailleurs n'existerait tout simplement pas. Ils sont responsables de faire interagir les atomes entre eux et ainsi composer des molécules : les structures d'atomes. C'est également grâce aux électrons que l'électricité[1] existe.

Les électrons ont l'avantage de pouvoir changer d'orbite et même de quitter un atome vers un autre[2].

---

[1] Vous venez probablement de faire le lien sur pourquoi électron et électricité commencent tous les deux par « électr »).

[2] Voir le chapitre sur les liens chimiques

Ensuite vient le noyau, là où se trouve la majorité de la masse de l'atome. Ce noyau est chargé positivement et occupe un petit espace au centre de l'atome. Ce noyau est composé de deux particules subatomiques ; les protons et les neutrons, collés les uns les autres.

Les protons sont les grands responsables de la charge électrique positive du noyau. Les neutrons, comme indique leur nom, sont neutres et donc ne disposent pas d'une charge positive ou négative. Les neutrons ont une plus grande masse que les protons et leur rôle est de garantir la cohésion des particules du noyau : de faire en sorte que les protons ne se repoussent pas trop les uns les autres.

Alors au point où vous en êtes rendu dans votre lecture vous en connaissez maintenant davantage sur le sujet des atomes.

On saisit bien maintenant ce que sont les électrons, les protons, ainsi que les neutrons et on sait où ils se trouvent dans un atome.

Maintenant une question qui serait pertinente à se poser est ; comment différencie-t-on les atomes ? Quelle est la différence, par exemple, entre un atome de magnésium et de francium ? La réponse est assez simple en fait.

Peu importe la « sorte » d'atome, donc, peu importe le type d'élément[3], on y retrouve les mêmes particules subatomiques. La seule chose qui change sera leur nombre ; leur quantité.

Un atome qui possède un proton un atome d'hydrogène. Un atome qui a huit protons c'est de l'oxygène, six c'est du carbone, etc.

---

[3] Un élément est une substance qui se trouve dans le tableau périodique des éléments. Le sujet sera abordé dans un prochain chapitre.

Je vous invite à lire le chapitre sur le tableau périodique des éléments qui va bien détailler la différence entre chaque élément. À chaque fois qu'on ajoute ou on enlève un proton d'un atome, il se change en un autre élément.

Dans ce chapitre vous en avez appris plus sur la manière dont la nature est structurée pour former la matière autour de nous. Certains devront prendre un peu de temps pour digérer toute cette information : c'est tout à fait normal, elle est très condensée et vulgarisée dans un seul chapitre. Normalement des heures de cours académiques sont consacrées à l'étude des atomes. Ce chapitre vous aura permis cependant d'en savoir déjà plus sur les atomes et peut-être bien vous servir pour la compréhension de ce qui suit dans les prochains chapitres.

Le tableau périodique des éléments

Maintenant que vous savez ce que sont les atomes et comment les différentier, on va maintenant aborder un outil de la chimie moderne qui est l'un des outils scientifiques les plus largement utilisés sur la planète (et même dans l'espace). Peut-être que son nom vous sonnera familier ; le tableau périodique des éléments.

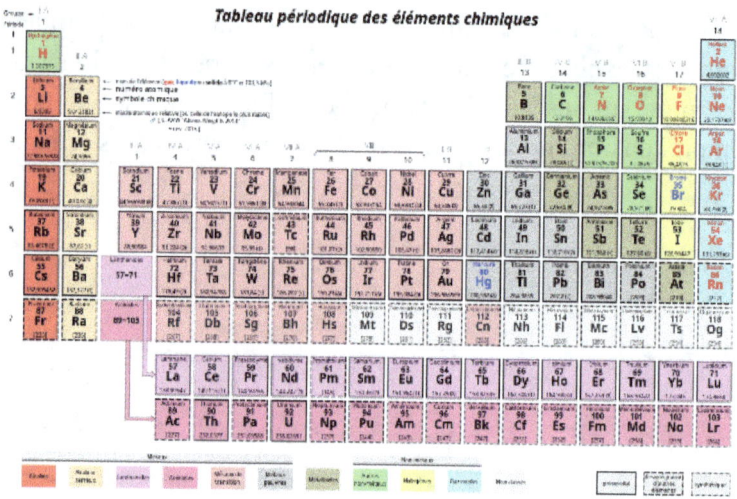

Image issue de Wikipédia

Ce tableau est l'héritage direct d'un scientifique russe nommé Dmitri Ivanovitch Mendeleïev né le 27 janvier 1834 à Tobolsk. Ce cher Dmitri a trouvé un moyen simple de classer les éléments fondamentaux de la nature en fonction de leurs propriétés chimiques.

Lorsqu'on dit éléments fondamentaux, on parle ici d'atomes. Donc par exemple : l'argent[4] est un élément fondamental, car

---

[4] Le métal, pas la monnaie

dans la nature on trouve des atomes d'argents. Même chose pour l'azote, on trouve aussi des atomes d'azote dans la nature.

Cependant ce n'est pas vrai pour tout ce qui nous entoure. Par exemple, le plastique n'est pas un élément fondamental, car il n'y a pas « d'atome de plastique ». Le plastique n'est qu'un composé de différents éléments fondamentaux qui, une fois rassemblés, forment une certaine structure qui est du plastique.

Alors si on revient au tableau périodique des éléments, on sait qu'il classe les éléments fondamentaux de la nature, mais de quelle façon ?

Vous vous souvenez peut-être de votre lecture du chapitre sur les atomes. Il y était mentionné que ce qui différencie les atomes entre eux est le nombre de protons qui les composent.

Un atome possédant trois protons est un atome de lithium et un qui a deux protons c'est de l'hélium.

C'est exactement ce que fait le tableau périodique des éléments, il classe par ordre croissant les atomes en fonction de leur nombre de protons ; mais ce n'est pas tout. Ce qui fait la beauté et l'ingéniosité du tableau est la façon dont ses colonnes sont classées.

Avant de s'avancer davantage là-dessus, nous devons faire une petite parenthèse sur la structure des atomes. Eh oui, il faut se remettre dans le bain !

Dans le chapitre d'introduction des atomes, on avait parlé des orbites où les électrons pouvaient se déplacer autour de l'atome. Ces orbites (ou orbitales pour utiliser le bon terme) s'organisent d'une certaine façon l'une par rapport à l'autre.

Premièrement il y a la notion de niveau d'énergie d'un électron. Plus un électron possède un niveau d'énergie élevé, plus son orbite se trouve éloignée du noyau de l'atome. Ainsi on peut trier l'orbite d'un électron comme une orbite de niveau un, deux, trois, etc. Chaque orbite permet la présence d'un certain nombre d'électrons. L'image suivante montre le nombre d'électrons admis par couche électronique (un autre nom pour dire orbite d'électron).

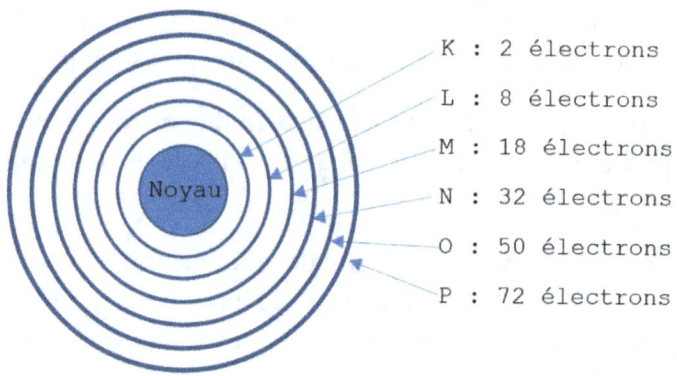

K : 2 électrons

L : 8 électrons

M : 18 électrons

N : 32 électrons

O : 50 électrons

P : 72 électrons

Donc chaque couche électronique permet d'accueillir un certain nombre d'électrons et on peut remarquer que plus on s'éloigne du noyau plus on peut en placer sur la couche.

Toutefois, ce n'est pas tous les atomes qui possèdent une couche *K,L,M,N,O* et *P* comme sur l'image ci-dessus. En effet, normalement le nombre d'électrons d'un atome est égal au nombre de protons qu'il possède[5].

Donc si on prend un atome de chlore qui a 17 protons, il aura donc 17 électrons. La couche électronique *K* sera pleine avec 2 électrons, la couche *L* sera aussi pleine avec 8 électrons et la couche *M* aura encore de la place avec les 7 derniers électrons qui s'y trouvent.

La manière dont les couches se remplissent est toujours de la même façon ; de la plus petite couche à la plus grande et on

---

[5] Sauf s'il est excité ou s'il forme une liaison chimique

attend toujours d'avoir rempli une couche avant de passer à l'autre.

Maintenant que l'on connait bien ce qu'est une couche électronique, on va s'intéresser à la dernière couche d'un atome.

Attention ici on ne s'intéresse pas à la couche « P », mais plutôt de la couche où on place le dernier électron de l'atome auquel on s'intéresse. Cette orbite est appelée couche de valence et les électrons qui s'y trouvent sont nommés les électrons de valence.

À ce stade probablement que dans votre tête vous vous dites ; mais où est-ce que l'auteur essaie de nous amener ? On y vient.

Si on remonte un peu dans le texte, on parlait de la façon ingénieuse dont les colonnes du tableau périodique des éléments étaient ordonnées. En fait, elles se classent en fonction du nombre d'électrons de valence de chaque atome.

Tous les atomes présents dans une même colonne du tableau possèdent exactement le même nombre d'électrons de valence et donc le même nombre d'électrons sur leur dernière couche.

Maintenant la prochaine question que vous vous posez peut-être est ; en quoi placer les colonnes comme ça devient utile ? Indice ; la chimie.

Toute réaction chimique classique provient des interactions entre les atomes pour former de nouvelles structures ou de nouveaux composés moléculaires. La manière dont les atomes interagissent entre eux et se lient ensemble est grâce à leurs électrons de valence qui permettent de faire les liens chimiques[6] nécessaires.

---

[6] Voir le chapitre sur les liaisons chimiques

Ainsi, tous les atomes d'une même colonne ont des propriétés chimiques semblables puisqu'ils ont le même nombre d'électrons de valence. Ces atomes qui partagent la même colonne réagissent de manière similaire avec les autres atomes dans les réactions chimiques.

D'accord maintenant vous en savez déjà beaucoup plus sur le tableau périodique, qu'au début de ce présent chapitre. Avant que votre tête ne devienne saturée avec toute l'information que vous venez d'apprendre, on va aborder une dernière petite chose concernant le tableau avant de clore ce chapitre et vous permettre de reposer vos méninges.

Prenons un atome, peu importe lequel, dans le tableau périodique des éléments. Prenons par hasard l'uranium. Bon j'avoue ce n'est pas du hasard, il fallait bien prendre un élément qui attire votre attention et quoi de mieux qu'un des principaux éléments utilisés dans la technologie nucléaire.

Prenons la petite case où se trouve l'uranium dans le tableau. On y voit déjà que des choses y sont inscrites.

La première fois qu'on voit ça de sa vie, on est capable de comprendre la signification de certaines informations qui s'y trouve, mais pas toute. À noter que dans cet exemple ce n'est pas toute l'information qu'on pourrait trouver dans un tableau plus complet, mais généralement on y trouve toujours cette information de base qu'on va décortiquer ensemble.

Alors on y voit déjà le mot « Uranium » qui est simplement le nom de l'élément du tableau et aussi on voit un « U » en lettre majuscule qui est le symbole atomique pour trouver plus rapidement l'élément qu'on cherche dans le tableau et c'est également ce symbole qui est utilisé dans la nomenclature moléculaire. Ces informations nous permettent de savoir de quel atome on parle[7].

Ensuite en haut à gauche de la petite case on voit le chiffre « 92 ». Ce chiffre est assez simple, il s'agit du nombre de protons que l'on retrouve dans le noyau de l'uranium.

Finalement un dernier chiffre qu'on retrouve c'est « 238,03 » qui correspond à la masse atomique de l'uranium et permet donc de comparer à quel point l'uranium contient plus de masse par rapport à un autre atome.

Ici la masse atomique n'est pas en gramme ni en kilogramme, car si on prenait les grammes comme unité, le chiffre sera beaucoup trop petit pour donner du sens à ce qu'est la masse d'un atome. On fixe qu'une masse atomique de 1 est celle de l'atome d'hydrogène (l'atome le plus petit et qui contient qu'un proton et un électron). Ainsi, l'atome d'uranium est 238,03 fois plus massif qu'un atome d'hydrogène.

Il y aurait bien d'autres choses très intéressantes à dire sur le tableau périodique des éléments, mais on a aussi bien d'autres sujets à traiter dans les prochains chapitres. Ce chapitre se voulait d'être une introduction à ce qu'est cet outil formidable de la chimie moderne ; le tableau périodique des éléments.

---

[7] Ça va toujours mieux quand on sait avec qui on a affaire

Les liaisons chimiques

Quand on parle de chimie, on pense souvent à des éprouvettes, à des solutions liquides de toutes les couleurs, à des explosions qui noircissent le visage du scientifique qui tente une expérience ou encore à mélanger plein de trucs ensemble pour faire une sorte de potion magique.

Pour faire une réaction chimique, il y a un mécanisme incroyable que la nature a mis en place afin d'être en mesure de faire ce qu'on appelle la chimie. Dans ce chapitre nous allons nous concentrer seulement sur une partie des nombreux mécanismes chimiques qui existent. On va particulièrement parler du comportement des électrons de valence ; les principaux « coupables » des réactions entre les atomes.

On avait déjà introduit, à l'époque d'un précédent chapitre, introduit que les électrons de valence permettent aux atomes d'interagir entre eux et de former des structures.

Ce que les atomes font en se liant entre eux est de créer des liens chimiques. On va voir différents types de liens chimiques possibles et vous verrez que la nature est assez habile pour faire des casse-têtes atomiques.

Les deux prochaines sous-sections vont parler des liaisons chimiques les plus populaires : les liaisons ioniques et covalentes.

Les liaisons ioniques

L'une des principales liaisons dont on va parler est la liaison ionique, qui se trouve à être ma liaison chimique préférée. Pourquoi ? Aucune idée, mais je trouve que cette liaison est plus intuitive à comprendre. Alors, c'est quoi une liaison ionique ? Allons-y par étape.

Prenons un atome « A » et un atome « B ». Prenons d'abord l'atome « A » (qui possède dans notre exemple 7 électrons de valence) et plaçons le proche de l'atome « B » (qui lui a 1 seul électron de valence). Voilà que presque magiquement les deux atomes vont se coller ensemble.

Pourquoi restent-ils collés ensemble ? Grâce à de la super colle atomique ou par l'entremise d'une force mystérieuse ? Est-ce bien parce qu'ils sont tombés follement amoureux l'un de l'autre ? Vous ne resterez pas longtemps dans le mystère, n'ayez crainte, on va décortiquer ce qui se passe réellement.

Comme on le mentionnait un peu plus tôt, l'atome « A » possède 7 électrons sur sa dernière couche électronique et pourrait en accueillir un autre afin de la combler. Quant à l'atome « B », il ne possède qu'un seul électron sur sa dernière couche.

Les atomes ont une petite tendance naturelle ; vouloir à tout prix la stabilité. Quand on dit « stabilité », dans notre cas on considère que lorsque la dernière couche d'un atome est pleine, l'atome est très stable chimiquement. Le petit atome vit sa vie tranquille et ne cherche pas à remplir sa couche incomplète ; à combler une lacune qui viendrait créer un vide dans sa vie.

Alors si un atome à une couche de valence incomplète, dès qu'une opportunité de remplir l'espace vacant ou de larguer un électron de trop se présente, l'atome saute sur l'occasion !

Alors lorsque l'atome « A » rencontre l'atome « B », ils décident de conclure un marché ensemble. L'atome « A » dit à l'atome « B » : « *Hey, frérot ça te dirait de me donner ton seul électron de valence ? Comme ça, ma dernière couche serait pleine et tu te débarrasserais du même coup de ton seul électron de ta dernière couche. Cette dernière disparaitrait et tu obtiendrais une nouvelle dernière couche pleine ! On serait tous les deux stables et on pourrait se tenir compagnie. Tu en dis quoi ? Partant ?* ». Enjoué, l'atome « B » accepte l'offre de l'atome « A » : « *Ouais frérot faisons ça !* ».

Attention, des atomes, ça ne parle pas et ça n'a pas d'émotions ; la dernière phrase n'était qu'à des fins d'illustrations. Toutefois, c'est pas mal ce qui se passe ; l'électron de valence de l'atome « B » se déplace vers la couche de valence de l'atome « A » qui devient complète.

Ainsi, comme l'atome « A » a gagné un électron qui est négatif, il n'est donc plus électriquement neutre ; il devient négatif[8]. L'atome « B » lui devient positif puisqu'il a maintenant plus de protons que d'électrons, en ayant perdu un.

Étant donné que les contraires s'attirent[9] : l'atome « A » et « B » deviennent liés. C'est ça une liaison ionique.

Une liaison ionique se crée lorsqu'un ou des électrons d'un atome quittent leur atome d'origine pour aller sur la couche de valence d'un atome voisin. Ensuite, c'est le déséquilibre de la charge électrique au sein des atomes qui les attirent les uns les autres.

Liaison covalente

On va à présent discuter d'une autre sorte de liaison chimique ; la liaison covalente. Ici il y a un lien à faire entre « valence » et « covalence ». Pour mieux comprendre ce qu'est une liaison covalente, on va prendre encore une fois un exemple.

Disons que nous avons cette fois-ci deux atomes d'oxygène. L'image suivante va montrer à quoi ressemble un schéma simplifié d'un atome d'oxygène.

---

[8] On appelle des atomes à charge électrique non nulle des « ions », plus précisément des atomes négatifs des « anions » et les positifs les « cations ».

[9] Une charge électrique négative et positive s'attire l'une vers l'autre en physique

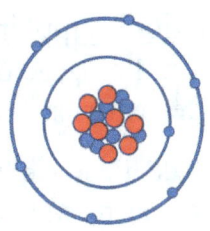

On peut bien voir la structure de l'atome ; le noyau contient 8 petits protons, 8 neutrons (qui sont un peu plus grands que les protons) et 2 électrons sur sa première couche pleine, ainsi que 6 autres sur sa deuxième couche (qui aurait encore de la place pour deux autres électrons).

C'est très important ici de retenir qu'il reste encore de la place pour deux autres électrons sur la dernière couche. Alors, un peu comme dans la situation décrite dans la section des liaisons ioniques, l'atome d'oxygène cherche absolument à atteindre la stabilité et aimerait donc bien remplir sa couche de valence. Alors si on approche les deux atomes d'oxygène voici un peu la conversation qu'ils pourraient avoir : « *Hey voisin, ça te dirait qu'on s'échange des électrons de manière continue ? Comme ça de temps en temps je t'en donnerais un ou deux et toi aussi de temps en temps du m'en offrirais et comme ça on pourra être plus stables puisque tantôt ma couche est pleine et tantôt la tienne. Qu'en dis-tu ?* »

Encore une fois, je tiens à préciser ; des atomes, ça ne parle pas.

Puisque la proposition est alléchante, les deux atomes vont commencer à se partager de manière continue des électrons pour s'approcher de la stabilité recherchée. L'échange d'électrons crée une force qui attire les deux atomes ensemble pour former une molécule de dioxygène. C'est aussi simple que ça une liaison covalente : un partage d'électrons de valence.

Informations supplémentaires

Pour que le partage ou l'échange d'électrons se produise, il faut très souvent un ingrédient supplémentaire ; l'énergie.

Soit il faut donner de l'énergie pour qu'une réaction se produise ou encore c'est la réaction en elle-même qui va en produire.

Les réactions qui ont besoin d'absorber de l'énergie sont appelées les réactions endothermiques et celles qui en libèrent sont les réactions exothermiques.

Par exemple, si on veut faire cuire un œuf pour le manger, on fait face à une réaction endothermique puisque le fourneau envoie de l'énergie sous forme de chaleur à l'œuf pour ainsi amorcer la réaction chimique de dénaturation des protéines d'œufs ; donc de le cuire.

Tandis qu'une bûche qui brûle, elle, dégage de l'énergie en brulant ; c'est une réaction exothermique.

Souvent il est facile de voir si une réaction dégage ou absorbe de l'énergie. Soit la réaction dégage de la chaleur (pour les réactions exothermiques) ou au contraire refroidis (pour les endothermiques).

Dans tous les cas, une réaction chimique fait toujours intervenir au départ des éléments initiaux (les « réactifs ») qui vont subir une transformation pour devenir quelque chose d'autre (les « produits »).

Les réactions chimiques sont très importantes et sont présentes dans presque tous les phénomènes observables autour de nous.

Sans la chimie, la vie n'existerait pas : vous n'existeriez pas. Votre ordinateur portable, votre téléphone cellulaire, vos produits cosmétiques, vos médicaments, votre repas préféré, le plastique, le pétrole, l'air, l'eau, le savon : tout ça n'existerait pas. Le monde sera bien différent de ce qu'on connait.

C'est incroyable de se dire que la nature permet aux éléments de matière, que sont les atomes, de pouvoir s'organiser entre eux et ainsi de créer quelque chose de nouveau. Dans ce chapitre vous avez vu les deux principaux types de liaisons chimiques qui interviennent dans une réaction. Il en existe bien d'autres, notamment les liens chimiques entre les molécules. À noter qu'une molécule est le résultat d'atomes qui sont liés ensemble pour former une certaine structure.

Les liens chimiques intermoléculaires sont très intéressants, mais un chapitre complet devrait être dédié à leur sujet. Afin de ne pas trop perdre votre attention cher lecteur ou chère lectrice, j'espère que vous en avez appris davantage dans ce chapitre sur les   liens   chimiques.

La vitesse de la lumière

Dans la vie de tous les jours, on voit les choses autour de nous bouger à différentes vitesses. La notion de vitesse est assez facile à comprendre ; quelque chose change de position dans le temps.

Quand on parle de vitesse, on pense tout de suite à ce qui va vite, à ce qui possède une grande vitesse.

Certaines personnes vont penser à des voitures de course, à des avions, à des fusées ou à un super héros en armure d'acier volant à toute vitesse dans un film de science-fiction.

Toutefois, aujourd'hui on va parler de vraie vitesse, à n'en donner le vertige. Imaginez la chose la plus rapide que vous ayez vue dans votre vie. Facile vous la voyez tous les jours, mais ce n'est peut-être pas ce que vous pensez. Je parle ici de la lumière. Oui la lumière à une vitesse et rien n'est plus vite que cette dernière en fait[10].

Peut-être l'avez-vous appris dans les dernières lignes qu'effectivement la lumière n'est pas instantanée ; elle se déplace. Très vite certes, mais il y a un certain temps très court entre tout point « A » et « B ». Tellement vite qu'il est impossible, même avec l'œil le plus aiguisé, de voir le déplacement de la lumière, ni même avec la meilleure caméra disponible sur le marché.

Retenez ce chiffre : 299 792 458 m/s. Ce chiffre, c'est la vitesse de la lumière. Elle se déplace de 299 792 458 mètres à chaque seconde. C'est environ la distance entre la Terre et la Lune. En kilomètre par heure, cette vitesse donne 1 079 000 000 km/h.

---

[10] À préciser, rien n'est rapide que la lumière lorsqu'elle voyage dans le vide.

Bon maintenant on sait que la lumière est méga rapide et que rien n'est plus rapide qu'elle. Est-ce déjà la fin de ce chapitre ? Bien sûr que non, ce n'est que le début.

Remontons un peu dans l'histoire, il y a quelques « années lumières »[11]. Avant, on ne savait pas si la lumière avait une vitesse ou si elle était instantanée. Avec raison, il est impossible de manière évidente et sans instrument de mesure de conclure si oui ou non la lumière se déplace ou si elle apparait instantanément.

Certains scientifiques émettaient l'hypothèse que oui la lumière a une vitesse et d'autres que non. L'un de ces scientifiques qui se posait la question, au début du XVIIe siècle, était non le moindre des scientifiques ; Galileo Galilei (alias Galilée).

Ce très cher Galilée a décidé, une nuit, avec l'aide de son assistant de mener une expérience afin de vérifier si la lumière était instantanée ou non. Cette expérience était très simple et nécessitait peu d'équipement. Galilée et son assistant avaient chacun besoin d'une lanterne, d'un chronomètre et d'une colline. Les deux hommes devaient se rencontrer la nuit avec leur matériel et synchroniser leurs chronomètres pour qu'ils affichent exactement le même temps et qu'ils fonctionnent à l'unisson à la seconde précise. Par la suite les deux compagnons devaient se séparer et chacun aller sur le dessus d'une colline. Elles devaient être assez proches l'une de l'autre pour pouvoir voir la lueur des lanternes d'une colline à l'autre.

La lanterne de Galilée lui servait à voir ce qu'indiquait son chronomètre et celle de son assistant à deux choses. La première bien sûr était aussi de voir les aiguilles de son chronomètre,

---

[11] À noter qu'une année-lumière n'est pas une unité de temps, mais bien une unité de distance. C'est la distance parcourue par la lumière en une année. Ici je voulais seulement faire un petit jeu de mots.

mais aussi d'envoyer un signal lumineux à Galilée. À l'aide d'un petit panneau, l'assistant pouvait cacher la lumière de la lanterne et puis le retirer la laisser passer.

La façon dont les deux hommes étaient placés permettait de se voir chacun, même séparée d'une bonne distance.

L'expérience était simple ; à chaque intervalle de quelques secondes, l'assistant devait cacher la lumière de la lanterne, puis à un temps précis retirer le panneau. Galilée de son côté notait le temps où il voyait la lumière de la lanterne au loin.

Si ce dernier notait qu'il avait aperçu la lumière à un temps différent que celui où l'assistant envoyait le signal lumineux, il pouvait calculer le temps que la lumière avait parcouru entre les deux collines et ainsi déterminer sa vitesse.

Malheureusement, malgré plusieurs essais, les résultats n'étaient pas concluants. Galilée ne pouvait pas savoir si la lumière était tellement vite qu'il ne pouvait pas mesurer sa vitesse ou si la lumière était tout simplement instantanée.

Allons maintenant en 1675, chez un astronome ; Ole Römer. Durant de belles nuits étoilées, Ole observait la planète Jupiter dans son télescope et voulait voir ses lunes (oui Jupiter à quelques lunes).

Pendant ses observations il notait le moment où les lunes de Jupiter disparaissaient derrière leur planète. Normale, les lunes tournant autour de Jupiter, à un moment donné, on les perd de vue puisqu'elles se retrouvent derrière la planète par rapport à notre point de vue.

Cependant, M. Römer vit une chose qui clochait. Il a noté qu'en fonction du moment de l'année les lunes ne disparaissaient pas aux moments attendus.

En effet, la vitesse de rotation d'une lune autour de sa planète est toujours très régulière et ne change jamais selon les mois de l'année. Il est donc facile de prédire quand les lunes vont disparaitre et réapparaitre.

Ole vérifia ses calculs quelques fois, mais sans savoir pourquoi ses observations ne concordaient pas avec la théorie.

Entre les observations du mois d'août et du mois de novembre, un écart de dix minutes était notable entre le moment où les lunes disparaissaient.

Notre cher Ole tenta de donner une explication à ce phénomène. Il se dit que la seule chose qui change entre le mois d'août et de novembre est la position de la Terre et de Jupiter autour du soleil. Cependant les deux planètes ne tournent pas à la même vitesse. La Terre tourne autour du soleil beaucoup plus rapidement que Jupiter.

Pour mieux comprendre ce qui suit, on va utiliser un schéma pour bien illustrer ce qui se passe.

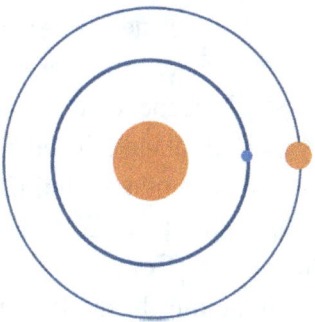

Sur cette image on voit le soleil au centre puis deux trajectoires d'orbites : la plus grande pour Jupiter et la plus petite pour la Terre. Dans cette configuration on voit que les deux planètes selon la configuration où elles sont au plus proche l'une par rapport à l'autre. Prenons maintenant une autre configuration.

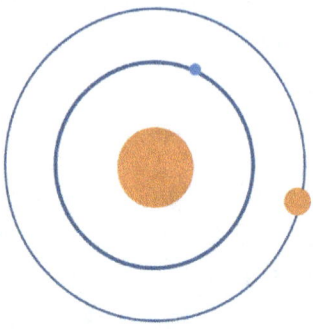

Sur cette seconde image, on remarque que les positions de la Terre et de Jupiter autour du soleil ne sont plus les mêmes.

La distance entre les deux planètes est maintenant plus grande. Ainsi, la lumière qui provient de Jupiter prend plus de temps à arriver à un observateur sur Terre lors de la deuxième configuration que lors de la première.

Si la lumière voyageait de manière instantanée, depuis la Terre on devrait voir les lunes de Jupiter apparaitre et disparaitre au même moment que déterminé par calcul, peu importe la position autour du soleil. Cependant, dans le cas où la lumière possède une vitesse, un décalage s'installe dans les observations en fonction de la distance que la lumière doit parcourir. Ce décalage est le temps que la lumière prend pour parcourir la distance interplanétaire[12]. Comme cette distance varie en fonction de la position autour du soleil, ça explique pourquoi un dix minutes de différence est notable entre les observations du mois d'août et de novembre.

Bon, déjà notre cher Ole Römer a fait une découverte incroyable ; on sait maintenant que la lumière n'est pas

---

[12] Donc entre les deux planètes : dans notre cas Jupiter et la Terre

instantanée, mais qu'elle possède bien une vitesse. L'astronome n'en est toutefois pas resté à seulement cette conclusion, il veut déterminer qu'elle est la valeur de cette vitesse.

Pour se faire, il avait besoin de savoir la distance entre la Terre et le soleil, ainsi que celle de Jupiter par rapport au soleil. Ensuite, avec l'aide de quelques calculs simples, il pouvait déduire la vitesse de la lumière en se fiant à ses observations et aux décalages qu'il avait notés.

Petit problème, à l'époque les distances entre le soleil et les planètes qui avaient été déterminées par les scientifiques n'étaient pas les bonnes. Cela en fait en sorte que Ole Römer est arrivé à une vitesse de la lumière d'environ 220,000,000 m/s. On sait aujourd'hui que cette valeur est mauvaise, mais à ce moment dans l'histoire c'était une découverte majeure qui changeait la manière dont on conçoit la nature même de la lumière.

Avec le temps on a imaginé d'autres moyens de calculer la vitesse de la lumière. L'une des expériences qui a amélioré la précision de sa mesure est nommée « l'expérience à roue dentée ». Dirigeons-nous maintenant en 1849 chez un scientifique du nom de Hippolyte Fizeau.

Note : à mon humble avis personnel, je pense qu'il fallait vraiment être un génie pour penser à réaliser ce genre d'expérience.

Pour effectuer sa mesure, M. Fizeau avait besoin du montage suivant :

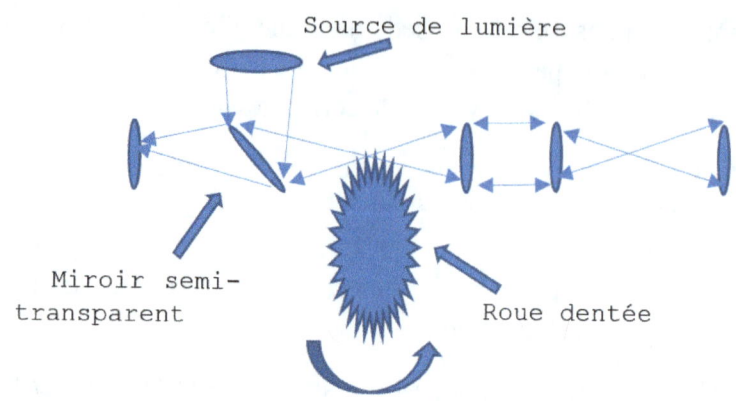

Source de lumière

Miroir semi-
transparent

Roue dentée

Sur ce montage on voit un système optique qui permet de diriger la lumière dans le sens des flèches qu'on peut voir sur la figure. La lumière part d'une source lumineuse, puis réfléchit sur un miroir semi-transparent à un angle de 45°. Ensuite elle est orientée vers deux lentilles, réfléchit à nouveau sur un miroir vertical et repasse par les deux mêmes lentilles.

De la manière dont ces deux dernières sont placées, fais en sorte que la lumière est focalisée en un point où se situaient les dents d'une roue dentée.

Ainsi, en faisant tourner la roue, les dents font passer la lumière ou la bloquent. Après avoir passé la roue dentée, le faisceau de lumière repasse par le miroir semi-transparent qui en laisse passer une partie de l'autre côté pour terminer sa course dans un objectif où un observateur est en mesure de voir la lumière.

Bon ici c'est normal si vous avez besoin de relire les derniers paragraphes pour bien comprendre le déplacement de la lumière.

Le montage est construit avec la meilleure précision possible sur la distance entre les différents composants et surtout sur l'usinage des dents de la roue et sur la mesure de sa vitesse de rotation.

Une fois tout assemblées, les manipulations de l'expérience sont assez simples. Il suffit de faire varier la vitesse de rotation de la roue dentée et de regarder dans l'objectif de l'observateur. Le but est le suivant : augmenter la vitesse de rotation de la roue dentée jusqu'à ce qu'on ne soit plus en mesure de voir la lumière dans l'objectif. Pourquoi ne plus voir la lumière ? Je vais vous expliquer.

En tournant, la roue laisse passer ou bloque la lumière en alternance grâce à ses dents. Pour faciliter la compréhension de ce qui se passe dans l'expérience, on va faire une analogie avec une bille. Remplacez la lumière par une bille qui effectuerait le même parcours.

On a premièrement la bille qui quitte la source, rebondit sur le miroir semi-transparent et se dirige vers la roue dentée. Ici deux choses peuvent se produire : la bille est bloquée par une dent ou encore elle peut passer.

Dans notre exemple elle passe. Après elle traverse les deux lentilles, rebondit sur le miroir vertical, repasse par les deux lentilles et puis reviens à la roue dentée. Encore une fois, soit ça passe ou ça ne passe pas.

C'est là que ça devient important. Si la bille passe, on va la voir dans l'objectif de l'observateur et si elle ne passe pas on ne la verra pas. C'est exactement la même chose qui se passe si on prend de la lumière.

De cette manière, on cherche à avoir la bonne vitesse de rotation de la roue pour que lorsque la lumière y passe la première fois qu'elle puisse continuer son chemin, mais pas à son retour et donc que l'observateur ne puisse pas la voir dans l'objectif.

En connaissant la vitesse de rotation de la roue, son diamètre, son nombre de dents et la distance parcourue par la lumière il est possible, avec un peu de calculs, de déterminer la vitesse de la lumière. La valeur obtenue : 315,000,000.00 m/s. Ce n'est pas encore la bonne valeur puisqu'il était très difficile de savoir la vitesse de rotation de la roue avec grande précision, mais on se rapproche quand même de la valeur qu'on connait aujourd'hui.

Avec le temps beaucoup d'autres expériences plus poussées et complexes ont permis de mesure la vitesse de la lumière.

Pour ne pas rendre ce chapitre trop lourd en détail, on ne s'attardera pas sur davantage d'expériences. On va toutefois parler encore un peu de lumière.

Il y a quelque chose de particulier avec la vitesse de la lumière : elle reste toujours constante. Quand je dis constante, je veux dire constante dans le milieu où elle se déplace. La vitesse de la lumière n'est pas la même dans le vide que dans l'eau, mais dans un même milieu elle ne change pas dans le temps.

Jusque-là, c'est facile à comprendre, la lumière à une vitesse constante stable et très rapide. Cependant, elle est aussi la même peu importe la direction qu'elle voyage. Ici vous vous dites peut-être : OK ouais, peu importe où je dirige ma lampe de poche, la lumière va la quitter à la même vitesse. Vous avez raison, mais pas seulement.

Revenons un peu au début de ce chapitre. Je vous mentionnais que rien n'est plus vite que la lumière : pas même elle-même. Alors, imaginez que vous voyagez dans une voiture la nuit, les phares allumés. Au départ, la voiture est à l'arrêt sur une route. Vous êtes seul sur la route. Vous placez le bras de vitesse sur la première et enfoncez la pédale des gaz. La voiture commence à prendre de la vitesse.

Lorsque la voiture était à l'arrêt les phares allumés, vous étiez stationné près de l'un de vos amis et lui avez demandé de s'éloigner un peu pour qu'il puisse voir la voiture au loin prendre de la vitesse sur la route.

Avant que vous n'ayez pris de la vitesse, votre ami pouvait voir que la vitesse de la lumière se déplaçait à sa vitesse constante dans l'air depuis l'avant de la voiture. Ce qu'on pourrait s'attendre, c'est que si la voiture accélère jusqu'à atteindre par exemple 50 km/h et bien que la lumière, du point de vue de votre ami, voyage 50 km/h plus vite vers l'avant par rapport à lorsque la voiture était à l'arrêt.

C'est logique ; la lumière quitte la voiture à une certaine vitesse et on ajoute la vitesse de déplacement de la voiture à cette vitesse à la lumière d'un point de vue de quelqu'un qui la regarde au loin.

Chose étonnante, ce n'est pas ce qui se passe. Votre ami avait dans sa poche un appareil qui lui permettait de mesurer la vitesse de la lumière des phares de votre automobile. Il a pris une première mesure lorsque vous étiez à l'arrêt et a obtenu 299792458 m/s. Il a ensuite attendu que vous rouliez à 100km/h (100km/h = 27 m/s). Il s'attendait donc à mesure lors d'une nouvelle mesure 299792485 m/s, soit 27 m/s plus rapides, mais la valeur qu'il a obtenue est encore une fois 299792458 m/s, la même valeur de départ.

Stupéfait, il vous appelle sur votre téléphone[13] et vous demande d'aller encore plus vite. Vous enfoncez donc encore plus l'accélérateur et atteignez 200km/h[14]. Votre ami prend une nouvelle mesure et note encore 299792458 m/s.

---

[13] L'usage d'un téléphone cellulaire au volant est dangereux et illégal, ne pas tenter de reproduire cette expérience.

[14] Conduire au-dessus des limites de vitesse indiquées sur la voie publique est dangereux et illégal, ne pas tenter de reproduire cette expérience.

Puisque vous conduisez une super voiture qui peut aller incroyablement vite, vous décidez d'atteindre une vitesse de 1,500,000 km/h[15]. Malgré tout, votre ami mesure toujours que la lumière se déplace dans l'air à une vitesse de 299792458 m/s. Vous décidez donc de prendre des virages et même monter une pente à pic et rien ne fait varier la vitesse de la lumière du point de vue de votre ami.

Ce n'est pas tout. Admettons que vous ayez aussi un instrument à bord de la voiture qui mesure en temps réel la vitesse de la lumière qui quitte vos phares ; la valeur serait aussi de 299792458 m/s par rapport à la voiture. Assez contre-intuitif n'est-ce pas ?

Tellement contre-intuitif que ce phénomène inexpliqué a donné du fil à retordre à un jeune employé du bureau des brevets en Allemagne en 1905 ; Albert Einstein.

Einstein a fondé une théorie, qu'on connait aujourd'hui sous le nom de la théorie de la relativité restreinte, à partir de seulement le fait que la lumière se déplace toujours à la même vitesse, peu importe la direction, et que rien ne peut aller plus vite[16].

Pour conclure ce chapitre qui est déjà bien rempli, on va parler d'une dernière petite chose sur la vitesse de la lumière. Lors de la conférence des poids et mesure de 1983, les scientifiques du monde entier ont décidé de fixer que la valeur de la vitesse de la lumière est de 299792458 m/s très précisément.

---

[15] Honnêtement, si vous réussissez avez une voiture qui roule aussi vite, appelez-moi, je veux voir ça.
[16] Voir le chapitre sur la relativité restreinte

Cela voudrait donc dire qu'aujourd'hui, la vitesse de la lumière n'est pas donc pas déterminée à partir d'une mesure, mais elle est bien fixée de manière arbitraire. Pourquoi ?

Je vous explique, vous allez comprendre assez facilement. On va en reparler en détail dans le chapitre sur les unités scientifiques, mais en gros avant on avait un objet physique qui mesurait une certaine longueur. Cet objet on l'appelait le mètre étalon et sa longueur était d'exactement d'un mètre. Donc la référence de c'est quoi un mètre consistait à la mesure la longueur de l'objet.

Ainsi toutes les expériences qui consistaient à mesurer la vitesse de la lumière se basaient sur la longueur du mètre étalon. Le problème avec un objet physique ; c'est que ce n'est pas pratique afin que tout le monde puisse l'utiliser autour de la planète.

C'est pourquoi qu'en 1983 les scientifiques ont fixé la vitesse de la lumière et que maintenant le mètre n'est plus défini en fonction d'un objet, mais plus par la distance parcourue la lumière dans le vide en 1/299792458 seconde. Ainsi ce n'est plus la vitesse de la lumière qui est définie par ce qu'est un mètre, mais le mètre qui est défini par la vitesse de la lumière. Est-ce un cas où l'élève surpasse le mètre/maître ?

On arrive enfin à la fin de ce chapitre lumineux de savoir et qui vous a rendu encore plus brillant. On en sait maintenant beaucoup plus sur les caractéristiques du déplacement de la lumière, la manière de déterminer sa vitesse et son comportement. J'espère que ce chapitre vous aura éclairé sur le sujet obscur qu'est la lumière.

$E=mc^2$

Cette formule est sans doute la plus connue au monde : $E=mc^2$. Elle est simple, très simple : en apparence et mathématiquement aussi.

Elle est élégante, courte, composée de deux variables et d'une seule constante. L'équation de l'équivalence énergie-matière décrit le fondement même de ce qu'est l'univers matériel avec seulement une mini équation : $E=mc^2$.

Détaillons-la un peu. « E » c'est l'énergie. L'énergie s'exprime en joules[17]. Ensuite on a « m » qui est tout simplement une masse, exprimée en kilogramme, et finalement on a « c » qui est la valeur de la vitesse de la lumière[18] en mètres par seconde.

Maintenant que l'on connait la signification de chaque lettre de l'équation ; qu'est-ce qu'elle raconte ? Pourquoi est-elle si importante et fondamentale ?

Le père de cette équation est non le moindre qu'Albert Einstein : lorsqu'il a élaboré sa théorie de la relativité restreinte[19] en 1905.

Albert a réussi à mettre un lien mathématique entre la masse et l'énergie. En d'autres mots, il a prouvé que la masse c'est de l'énergie : rien que ça.

Avec la relation $E=mc^2$, on calcule la quantité d'énergie dégagée par la désintégration d'une quantité de masse, donc de matière. Cette énergie correspond à la masse détruite, multipliée par le carré de la vitesse de la lumière.

---

[17] Voir chapitre sur les unités
[18] Voir le chapitre sur la vitesse de la lumière
[19] Voir le chapitre sur la Relativité restreinte

Juste pour vous donner une idée de la grandeur de ce chiffre, on va donner un petit exemple.

Prenons un four microonde. Un four normal peut avoir une puissance électrique de 1500Watts[20]. C'est donc 1500 joules par seconde qu'il va consommer pour fonctionner. Si, disons vous voulez faire réchauffer votre repas de la veille dans ce four pendant deux minutes, le total d'énergie consommée sera donc de cent-vingt[21] fois 1500 joules ce qui donne 180 000.00 joules.

Revenons à notre $E=mc^2$. Dans notre exemple $E=180000J$, nous pouvons ainsi trouver ainsi l'équivalence en masse de cette énergie : $m=E/c^2=180000/(299792458)^2=0,000\ 000\ 000\ 002$ kg de matière. C'est ridiculement petit.

Donc si on avait une machine qui convertit de la masse en énergie, on aurait seulement besoin de $0,000\ 000\ 000\ 002$ kg de matière pour chauffer votre repas au four microonde.

Allons dans le sens inverse, mais dans la même logique. Prenons par exemple une petite roche qui possède une masse de 1kg. Si on transformait toute cette masse en énergie on obtiendrait $E=mc^2=1*(299792458)^2=89\ 875\ 517\ 873\ 681\ 764$ joules. C'est énorme ! Vous pourriez chauffer 500 000 000 000 (500 trillions) de repas dans votre micro-onde. Bon ce chiffre est un peu gros encore pour lui donner un sens, mais on voit que c'est beaucoup.

En pratique ce n'est pas autant facile de passer de masse à énergie ou énergie à masse. En effet, on est capable de le faire, mais ça demande le bon équipement technologique pour y arriver.

---

[20] 1 Watt = 1 Joule par seconde
[21] Il y a 120 secondes dans deux minutes

Vous connaissez probablement certaines technologies nucléaires ? Oui je parle bien des bombes nucléaires, des sous-marins nucléaires, des centrales nucléaires électriques, des équipements médicaux, etc. Eh bien leur fonctionnement se base en majorité sur $E=mc^2$.

Prenons l'exemple le plus intéressant et explosif pour commencer : la bombe atomique.

Non, ce chapitre ne vous donnera pas la recette sur comment fabriquer une bombe nucléaire[22]. On va plutôt expliquer ce qui fait en sorte que cet atroce objet, qu'est la bombe nucléaire, explose.

On en a déjà un peu parlé dans le chapitre sur les atomes et celui sur le tableau périodique des éléments, mais en gros classiquement le plus grand ingrédient d'une bombe nucléaire « classique » c'est l'uranium.

Je parle ici vraiment d'une bombe nucléaire classique, car il en existe plusieurs types.

L'uranium est un métal radioactif qui est très lourd et dont les atomes sont très gros. Un atome d'uranium contient 92 protons en son noyau.

On va faire une petite parenthèse importante juste ici avant de continuer dans notre lancée. On va introduire le concept d'isotope. C'est quoi ça un isotope ? Eh bien, prenons justement un atome d'uranium (235) formé de 92 protons, 143 neutrons et 92 électrons.

Ici le chiffre qui va nous intéresser est le nombre de neutrons. Un isotope est un « type », « une sorte », « une version » d'un atome d'un élément. Par exemple l'atome d'uranium existe sous

---

[22] Même si je la connais

différentes formes ; l'uranium 238, l'uranium 235, l'uranium 234, l'uranium 233 et l'uranium 232.

Ce qui différentie toutes ces versions c'est le nombre de neutrons présents dans le noyau. L'uranium 238 possède 146 neutrons, l'uranium 232 en possède 140 neutrons.

Remarquez qu'en prenant le chiffre associé à l'isotope d'uranium et en le soustrayant du chiffre 92 (qui est le nombre de protons), ça revient à calculer le nombre de neutrons dans le noyau.

Les isotopes d'un atome sont tous présents dans la nature en certaines quantités, certains plus présents que d'autres en proportion. Fin de la parenthèse.

L'isotope qui va nous intéresser aujourd'hui est l'uranium 235 qui est le seul isotope « fissible » [23] pour faire une bombe atomique. Le concept derrière la capacité destructive de l'horreur nucléaire est la réaction en chaîne d'atomes d'uranium qui se cassent. On va expliquer ça en détail.

La réaction en chaine est la suivante : lorsqu'un atome d'uranium se fait percuter par un neutron, ce dernier se casse en deux (se fissionne) et relâchent trois neutrons qui à leur tour percutent d'autres atomes d'uranium qui se brisent et eux aussi relâchent des neutrons, ainsi de suite…

Une autre chose qui se dégage lorsqu'un atome d'uranium se casse est de l'énergie ; beaucoup d'énergie. D'où vient-elle ? D'une petite perte de masse de l'uranium en se casse. Donc « m » devient « E » avec $E=mc^2$. On appelle ce type de réaction nucléaire une réaction de fission nucléaire.

Ce n'est pas que l'uranium qui permet de faire ce genre de réaction. Le plutonium est aussi un candidat intéressant pour

---

[23] Fissible veut dire : « peut se casser »

faire une explosion nucléaire. Son seul problème est que contrairement à l'uranium qui se trouve dans la nature, le plutonium ne se trouve pas il se fabrique (oui on est capable de fabriquer des atomes qui n'existe pas sous forme naturelle).

Un autre type de bombe nucléaire est la bombe H (H pour hydrogène). Cette bombe utilise deux sortes de réactions nucléaires : la fusion et la fission nucléaire.

Parlons un peu de ce qu'est la fusion nucléaire. Comme son nom l'indique, elle fait intervenir un phénomène de fusion. Le principe est assez simple : prendre des atomes d'hydrogène et avec suffisamment de pression appliquée on est capable de faire fusionner le noyau de deux ou plusieurs atomes pour en former un nouveau : de l'hélium.

Le processus dégage énormément d'énergie, encore plus que la fission nucléaire. C'est d'ailleurs grâce à la fusion nucléaire que le soleil et que les autres étoiles existent.

Pour l'instant[24], si on veut faire de la fusion nucléaire, on doit utiliser l'énergie d'une explosion à fission nucléaire pour amorcer la réaction de fusion. C'est pour ça que les bombes H utilisent les deux types de réactions nucléaires.

De manière plus théorique, il existe une autre forme de réaction nucléaire qu'on n'a pas encore observée. Chaque élément que l'on retrouve dans la nature possède son « anti-élément » ; son contraire.

Donc par exemple on a de l'hydrogène autour de nous, mais on pourrait théoriquement aussi trouver de l'antihydrogène. C'est un peu comme le jumeau d'un atome où tout est inversé :

---

[24] Je dis bien pour l'instant, car actuellement on essaie de faire une technologie pour en faire autrement de l'énergie à partir de fusion nucléaire. Plusieurs avancées ont d'ailleurs été accomplies dans les dernières années.

les protons sont négatifs (les antiprotons) et les électrons positifs (les positrons).

En théorique on peut faire rencontrer un atome avec son antiatome et lorsqu'on les fusionne ensemble ils s'entrent détruise au niveau de leur masse en se transformant en énergie pure.

Alors si on prenait un gramme de matière et qu'on la mélange avec un gramme d'antimatière on obtiendra 10^{14} joules (donc 10 suivit de 14 zéros).

Laissons de côté les bombes nucléaires maintenant et concentrons-nous sur quelque chose de beaucoup mieux ; la production d'électricité à partir d'énergie nucléaire.

Beaucoup de pays dans le monde possèdent des centrales électriques nucléaires. Le type de réaction dans ces centrales est la fission nucléaire, car la technologie n'est pour l'instant pas encore assez mature pour faire de la fusion nucléaire contrôlée pour une production d'électricité de masse[25].

Le principe de production électrique est simple. On contrôle la réaction en chaîne de fission nucléaire d'uranium pour qu'elle s'effectue à une vitesse souhaitée. Cette réaction crée beaucoup d'énergie sous forme de chaleur et cette chaleur permet de créer de la vapeur. Cette vapeur passe ensuite dans des turbines branchées sur des générateurs électriques afin de produire l'électricité.

L'avantage de ce mode de production d'énergie électrique est qu'elle n'émet pas de gaz à effet de serre et est donc propre pour l'environnement (à ce niveau).

---

[25] Ici le termine masse ne désigne pas « m », mais veut dire « en grosse quantité » ou encore « à grande échelle ».

Toutefois, un certain risque est toujours présent sur de potentielles catastrophes environnementales et humaines reliées aux centrales nucléaires. Je vous invite à vous renseigner sur l'accident de la centrale nucléaire de Tchernobyl de 1986 ou encore plus récemment celle de Fukushima au Japon en 2011.

Grâce à ce chapitre on sait maintenant ce qu'est $E=mc^2$ et aussi quels sont ses impacts technologiques. Merci Einstein !

L'expérience quantique de la fente d'Young

Dans ce chapitre on va entrer dans un monde assez ; mystérieux, poussé, contre-intuitif, bizarre, incroyable et merveilleux.

Ce monde a été découvert assez récemment dans l'histoire de la science, il n'y a pas plus longtemps qu'un siècle à peine. Encore aujourd'hui on ne connait pas tous les mystères de ce monde, de cette science, de cette branche de la physique : la physique quantique.

On va couvrir un seul phénomène de la physique quantique dans ce chapitre, mais ne vous inquiétez pas on va en aborder d'autres dans ce livre.

Préparez-vous mentalement, vous allez voir que la physique quantique c'est vraiment un autre monde. Soyez ouvert d'esprit et n'essayez pas d'absolument trouver une logique sur pourquoi ceci peut exister ou pourquoi telle chose se comporte de telle manière.

C'est un peu à ce stade que la communauté scientifique en est encore aujourd'hui : observer et répertorier les phénomènes de la physique quantique et ne pas être toujours en mesure d'y apporter d'explications.

Dans les prochaines lignes, on va parler d'une des expériences de physique quantique la plus célèbre et qui montrent une bonne introduction à savoir à quel point les phénomènes quantiques sont étranges. Cette expérience c'est celle des fentes d'Young quantiques.

La réalisation de cette expérience est assez simple et voici le montage :

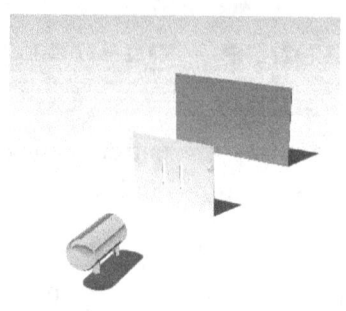

On voit ici le montage, qui n'est pas à l'échelle, de l'expérience des fentes d'Young. Le déroulement de l'expérience est simple ; lancer des électrons en direction d'un panneau muni de deux petites fentes verticales et de placer un écran à une certaine distance de l'autre côté des fentes pour que les électrons terminent leur course à sa surface.

L'écran est un peu spécial : il permet de voir où l'électron l'a frappé. Ensuite, on lance plein d'électrons sans être super précis sur la direction qu'on les lance (on n'essaie pas nécessairement de passer au travers des fentes).

Alors certains électrons vont être bloqués par le panneau et d'autres pourront traverser pour rejoindre l'écran.

Ici, on doit faire une petite parenthèse avant de revenir à l'expérience en tant que telle.

Gardons le même montage, mais à la place d'utiliser un canon à électrons vous prenez l'une de vos amies qui a apporté avec elle son fusil de balle de peinture. Elle se place donc à l'endroit où se serait trouvé le canon d'électron et commence à tirer en direction des fentes. Puisque votre amie n'est pas nécessairement une pro dans le tir de précision, ses balles arrivent un peu partout : certaines passent par les fentes et d'autres non.

43

Après avoir tiré au moins mille balles, vous lui demandez de prendre une petite pause pour voir le résultat. Vous allez donc voir l'écran placé derrière les fentes. Puisque les balles sont de petites billes rondes remplies de peinture, vous voyez le point d'impact sur l'écran très facilement. Et ça ressemble à ça :

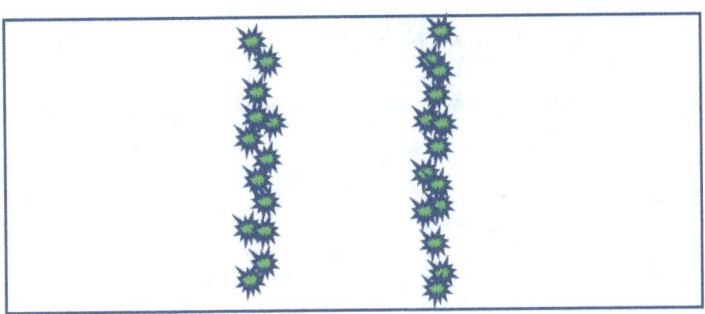

Ici on voit que sur l'écran deux barres verticales ont été formées par les impacts de balles. C'est normal, seules les balles ayant passé par les fentes verticales ont réussi à atteinte l'écran. Ailleurs il n'y a pas d'impacts.

Ce genre de résultat est normal et c'est ce qu'on s'attend à voir quand on utilise des billes.

Maintenant, reprenons presque le même montage, mais cette fois la moitié du panneau avec les fentes est verticalement placée dans de l'eau, même chose pour l'écran.

À la place de lancers des balles ou des électrons, on va laisser tomber une goutte sur la surface de l'eau.

Lorsqu'on laisse tomber une goute sur la surface d'un lac calme ou simplement dans n'importe qu'elle surface d'eau sans vagues, on observe plusieurs petits cercles qui se forment et se déplacent en grandissant.

Ces cercles sont le résultat du déplacement d'une onde sur la surface de l'eau. Cette onde possède une longueur d'onde et une certaine vitesse de propagation à la surface. Reprenons maintenant notre montage vu du dessus :

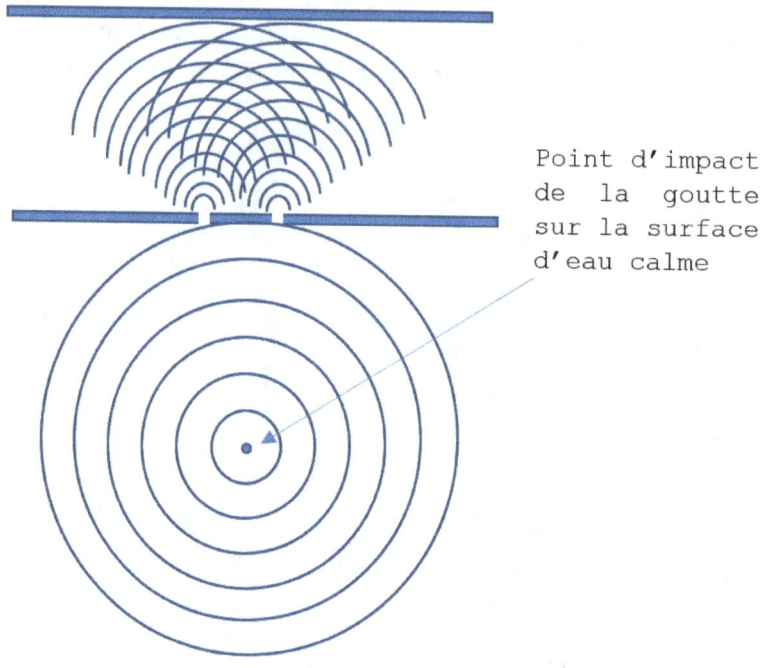

Point d'impact de la goutte sur la surface d'eau calme

Décrivons un peu ce qui se passe. Au début on voit sur la figure un point qui est l'endroit où on a laissé tomber la goutte. On voit ensuite les cercles d'onde créés à la surface de l'eau par la goutte.

Ces cercles se déplacent en grandissant vont à un moment atteindre le panneau muni des deux fentes. Puisque les deux fentes ne sont pas très larges, elles vont agir comme si on avait fait tomber de nouvelles goutes à ces endroits et ainsi produire de nouveaux cercles comme qu'on peut voir sur la figure.

Puisque le panneau bloque une partie de la surface, on va avoir des demi-cercles à la place de cercle complets. Étant donné que les deux fentes sont relativement proches l'une de l'autre, leurs demi-cercles d'onde vont finir par s'entre croiser.

Ces derniers vont par la suite continuer de se propager pour atteindre l'écran.

Imageons maintenant ce qu'on verrait s'il était possible de voir des points sur l'écran qui correspondrait aux endroits où les demi-cercles des deux fentes s'entrecroisent au moment de l'écran. Ce qu'on verra comme résultat sur l'écran ressemblerait à ça :

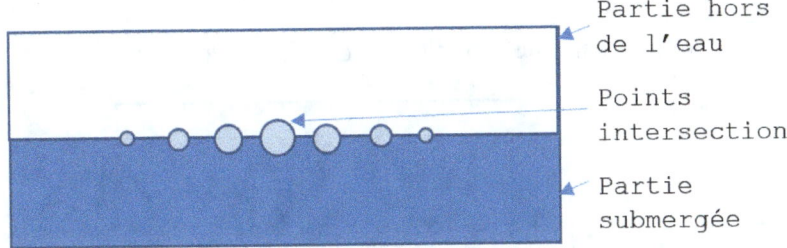

Partie hors de l'eau

Points intersection

Partie submergée

Alors on peut bien voir les points d'intersection des demi-cercles des deux fentes qui sont représentés par les ronds sur l'écran.

À noter que leur taille varie, c'est ce qu'on observerait en réalité. On appelle cette forme obtenue sur l'écran : un patron d'interférence.

Si on compare l'expérience avec les balles de peinture et l'expérience avec la goute d'eau, on conclu la chose suivante : quand on a des billes solides (balles de peinture) on obtient deux barres verticales sur l'écran et lorsqu'on a des ondes (les cercles sur la surface de l'eau) on obtient un patron d'interférence.

Fin de la très grande parenthèse.

Revenons à présent au montage de départ avec le canon à électron. À partir de maintenant, tenez-vous bien on se plonge directement dans la physique quantique.

On sait grâce à notre très cher Rutherford que les électrons sont des particules[26] qui possède une masse et une charge électrique négative.

Il l'a prouvé avec son expérience sur les tubes cathodiques[27]. Alors en faisant l'expérience des deux fentes avec un canon à électron, on devrait s'attendre à quelque chose qui ressemble au cas où on va utiliser des balles de peinture ; voir deux barres verticales sur l'écran.

Contre toute attente, voici ce qu'on a observé :

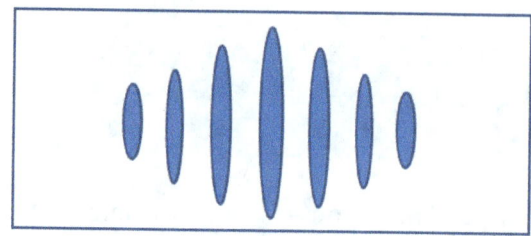

Incroyable, mais vrai : on obtient un patron d'interférence, exactement le genre de résultat qu'on aurait obtenu avec une onde.

Ici vous êtes peut être un peu mélangé puisqu'on a dit il y a quelques lignes à peine que les électrons sont des particules, mais maintenant on dit qu'ils donnent le résultat qu'une onde donnerait.

Eh bien non, vous n'êtes pas mélangé, c'est vraiment ce qui se passe. Les scientifiques qui ont réalisé cette expérience n'en croyaient pas leurs yeux.

On ne s'arrêtera pas là, on va essayer de comprendre et d'expliquer ce qui peut bien faire en sorte que les électrons font un patron d'interférence sur l'écran. On a mentionné un peu plus

---

[26] Voir le chapitre sur les atomes
[27] Voir aussi le chapitre sur les atomes

tôt que les électrons ont une charge électrique négative. On pourrait donc penser que si on tire plusieurs électrons en même temps qu'ils vont interagir entre eux en se repoussant, en raison de leur charge, pour finalement atterrir sur l'écran en formant un patron d'interférence.

Pour vérifier cette hypothèse il suffit de justement ne pas envoyer plein d'électrons en même temps, mais seulement un à la fois. Donc on a qu'à lancer un électron, attendre qu'il touche l'écran et ensuite lancer le prochain.

En faisant le test de cette manière on remarque que rien ne change, le résultat est toujours un patron d'interférence.

Une autre chose qu'on peut tenter de faire est de voir ce qui se passe avec une seule fente d'ouverte en bloquant une des deux.

Si on revient un peu avec l'expérience qui utilisait des balles de peinture, on peut s'attendre à avoir une seule barre verticale sur l'écran sur les électrons se comportaient comme des billes. Voyons voir avec les électrons. On obtient ça :

On a une grosse tache étendue avec un peu plus d'électrons qui ont frappé au milieu et moins autour. Alors on pourrait se dire que oui ça ressemble un peu à une barre verticale, mais pas tout à fait. Dans le cas de la figure juste en haut, c'était la fente de gauche qui était ouverte, c'est pourquoi que la tache est un peu plus à gauche.

On pourrait donc pousser l'expérience un peu plus loin et se dire qu'on va lancer les électrons encore une fois avec une fente obstruée et l'autre non, mais cette fois on va y aller en alternance ; c'est-à-dire un tir avec la fente gauche d'ouverte et l'autre tire avec la fente droite. Ce qu'on peut s'attendre comme résultat c'est l'addition de ce qu'on obtient avec la fente de gauche toute seule ouverte à chaque tire avec ce qu'on aurait avec la même situation avec la fente de droite ouverte. Si tel était le cas, voici à quoi ressemblerait l'addition :

Donc dans ce cas, ce qu'on voudrait, c'est deux taches qui ressemblent un peu à deux barres floues sur l'écran.

Faisons maintenant l'expérience en bloquant à tour de rôle une seule fente et voyons le résultat des impacts d'électrons :

On obtient une seule grosse tache étendue.

Eh merde, on n'a pas ce qu'on s'attendait et on n'a même pas de patron d'interférence, que faire !

Ne vous inquiétez pas, malgré les palpitations que cette situation peut vous faire ressentir on a d'autres options pour analyser ce qui se passe.

On va refaire cette fois-ci l'expérience avec les deux fentes ouvertes, mais on va placer une ampoule lumineuse au-dessus des fentes avec un détecteur de réflexion de lumière.

L'une des particularités des électrons c'est qu'ils peuvent réfléchir la lumière. Ainsi, en plaçant les détecteurs où sont situées les fentes il sera possible de savoir par quelle fente l'électron a passé et donc de mieux comprendre le chemin qu'il emprunte.

On refait donc l'expérience initiale, avec les deux fentes ouvertes, pour essayer de mieux comprendre ce qui se passe.

Surprise, quand on place les détecteurs de réflexion lumineuse, on voit sur l'écran une seule grosse tâche comme sur la dernière image.

C'est à ce moment qu'on réalise que quelque chose ne fonctionne pas. Pourquoi ? Lorsqu'on fait l'expérience avec les deux fentes ouvertes, mais avec les détecteurs éteints : on a un patron d'interférence. Lorsqu'on l'a fait avec les détecteurs en marche : on a une grosse tache. Qu'est-ce qui pourrait venir expliquer ça ?

La réponse est simple: c'est la physique quantique, on ne peut pas savoir pourquoi exactement.

Voici cependant quelques conclusions qu'on peut tirer de notre aventure après s'être amusé d'avoir bombardé deux fentes avec des électrons et regardé un écran où ils ont atterri.

Ce qu'on observe c'est que lorsqu'on a deux fentes ouvertes sans détecteur, l'électron se comporte comme une onde et forme un patron d'interférence. Lorsqu'on y place les détecteurs pour savoir par quelle fente l'électron passe, il forme une seule grosse tache floue sur l'écran. Alors l'électron : onde ou particule ?

Il se comporte parfois comme une onde et parfois comme une particule.

On appelle ce phénomène la dualité onde-particule. En fonction de si on observe ou non l'électron dans son parcours, il va se comporter soit comme une onde, soit comme une particule.

Comme s'il avait conscience qu'il était observé. C'est un peu la même chose chez les humains quand on y pense. Je suis certain que vous ne vous comporté par de la même manière quand vous êtes seul que quand vous êtes en public : où plein de paires d'yeux peuvent vous observer.

Les phénomènes quantiques ne se produisent qu'à de très petites échelles ; de l'ordre de la grandeur de l'atome et même plus petit encore.

Un électron est minuscule et est donc un objet sujet aux phénomènes de la physique quantique. Ces objets quantiques peuvent souvent être une dualité onde-particule dans certaines conditions : être soit une particule, soit une onde ou soient les deux en même temps.

J'espère que ce chapitre ne vous aura pas trop donné le vertige de la physique quantique et que vous ayez, je l'espère, aimé voir une facette ce monde magique. On n'a d'ailleurs pas fini d'en parler de cette branche de la physique, on va en parler davantage dans d'autres chapitres.

Sommation des entiers naturels ; l'infini n'est pas ce qu'on pense ?

Les mathématiques sont indissociables de la science. Les maths, c'est littéralement le langage de la science, le langage de la nature ; le langage de l'univers. Aux non-initiés, les mathématiques peuvent être synonymes de torture, phobie ou dégout.

Bon, ne vous inquiétez pas, dans ce chapitre oui on va parler de mathématiques, mais vous n'aurez rien à calculer et aucun devoir ne vous sera demandé à la fin.

Avant de débuter la lecture de ce chapitre, je vous conseille de vous installer confortablement, dans un fauteuil, avec un breuvage réconfortant et de vous laisser guider par les mots qui composeront les phrases des prochains paragraphes.

Les mathématiques sont très cartésiennes. Ce sont des équations, des preuves mathématiques, des formules ; un gros arrangement d'algèbre et de chiffres.

Dans ce chapitre on va parler d'une équation mathématique assez particulière : la série de la somme des nombres entiers naturels.

Premièrement, il faut savoir ce qu'est un nombre entier naturel, c'est très simple : 1, 2, 3, 4 et 5 sont des nombres entiers naturels. Donc il s'agit d'une catégorie qui inclue tout nombre ou chiffre positif qui ne possède pas de décimale (pas de chiffres après une virgule).

Maintenant, on peut se demander ; c'est quoi une série mathématique ? Encore là, c'est très simple : c'est une suite de nombres qui s'additionnent. Symboliquement on représente une série mathématique comme suit : « $\sum$ = ».

À droite du symbole égal (=), on placera soit le résultat de la série ou encore les opérations mathématiques pour y arriver.

D'accord, on a parlé un peu du lexique mathématique qu'on utilisera dans les prochaines lignes. On peut à présent s'attaquer au sujet principal, soit la sommation des nombres entiers naturels : donc, commencer à additionner de 1 jusqu'à l'infini.

Alors pour décrire simplement cette série mathématique voici comment on l'écrirait en langage de mathématicien ou mathématicienne :

$$\sum_{n=1}^{\infty} n$$

OK, là vous avez probablement eu la frousse et une hausse de palpitations en voyant cette expression mathématique. C'est pourquoi qu'au début du chapitre je vous ai demandé de vous asseoir confortablement dans un fauteuil avec votre breuvage préféré.

C'est un bon moment de prendre une gorgée. Ça va mieux ? Excellent, continuons. On va détailler un peu cette série mathématique :

$$\sum_{n=1}^{\infty} n = 1 + 2 + 3 + 4 + 5 + 6 + 7 + \cdots + \infty$$

C'est déjà un peu plus clair. La série mathématique des nombres entiers naturels ce n'est que la somme de tous les nombres entiers en commençant par un et en terminant avec l'infini (∞).

Alors si maintenant on s'imagine qu'on prend un énorme sac rempli de grains de riz. Vous décidez par temps perdu de prendre un grain de riz et de le mettre de côté. Puis deux autres et vous les placez avec le premier que vous aviez mis de côté.

Ensuite trois autres, quatre autres, cinq autres, etc. En continuant comme ça indéfiniment vous accumulez de plus en plus de grains de riz. On s'attend donc à avoir une infinité de grains à la fin.

C'est exactement ce que la somme des nombres entiers naturelle tente de décrire. On arrive cependant avec un résultat déconcertant :

$$\sum_{n=1}^{\infty} n = 1 + 2 + 3 + 4 + \cdots + \infty = -\frac{1}{12}$$

J'espère que vous n'êtes pas en train de vouloir quitter votre fauteuil ou de laisser tomber votre breuvage devant ce résultat cher lecteur ou chère lectrice.

Si c'est le cas, ressaisissez-vous, on va expliquer pourquoi on obtient ça.

Ici il ne faut pas se dire que -1/12 est égale à l'infini, bien au contraire. L'infini est un immense nombre incalculable et surtout un nombre positif. Tandis que -1/12 est un nombre petit, proche de zéro et surtout il est négatif.

Comment se fait-il qu'on arrive à un très petit nombre négatif en additionnant des nombres toujours plus grands positifs ? Ça ne fait aucun sens.

Allons-y étape par étape pour bien comprendre. On va prendre quelques détours, mais faites-moi confiance on va finir par arriver à destination.

Prenons la série mathématique suivante :

A=1-1+1-1+1-1+1-...

Alors en multipliant A par -1 ont obtient -A. Cela donne donc la série suivante :

-A=-1+1-1+1-1+1-…

Maintenant, si on addition 1 à -A, on obtient l'équation suivante :

1-A=1-1+1-1+1-1+1+…

Et ça, c'est égal à A !

Donc 1-A=A ce qui veut dire que $2 \times A = 1$ (deux fois A égale 1), ce qui donne que $A=0,5=1/2$.

Vous pouvez relire les étapes au besoin, c'est normal de ne pas tout saisir du premier coup.

Prenons maintenant une autre série :

B=1-2+3-4+5-6+7-…

En additionnant la série A avec celle de B, on obtient l'équation suivante :

A+B=(1-1+1-1+1-1+1-…)+(1-2+3-4+5-6+7-…)=2-3+4-5+6-7+…

Soustrayons maintenant 1 de cette équation :

-1+A+B=-1+2-3+4-5+6-7+…=-B

Ce qu'on obtient donc c'est que A+B= -B.

Puisqu'on connait la valeur de A=0,5 cela veut donc dire que A+B=0,5+B= -B donc en obtient que B=0,25=1/4.

Maintenant, prenons une autre série qu'on nommera C :

C=1+2+3+4+5+6+7+…

C correspond exactement à la somme des nombres entiers naturelle : la série dont on cherche le résultat.

Revenons un peu en arrière et reprenons la série -B :

-B=-1+2-3+4-5+6-7+…

Si on addition -B à C on obtient :

C+(-B)=C-B=4+8+12+16+20+…

On peut ainsi réécrire que :

C-B=4x(1+2+3+4+5+…)=4xC

On s'approche de la fin !

Donc si C-B=4C et que B=1/4=0,25. Ça donne que C-0,25=4C -> 3C=-1/4 -> C=-1/12.

Écrit plus proprement on a :

$$C = \sum_{n=1}^{\infty} n = 1 + 2 + 3 + 4 + 5 + \cdots + \infty = -\frac{1}{12}$$

Wow, OK c'est fou, on a une preuve mathématique que la sommation des nombres entiers naturels en commençant par 1 et en terminant à l'infini on obtient -1/12.

Ici je peux comprendre que le confort de votre fauteuil et votre breuvage préféré ne peut plus suffire pour vous conserver votre état homéostatique stable ; que vous ne soyez pas au bord de la perte de conscience.

Je suis désolé d'avance, mais je n'ai pas terminé la « torture ».

Qu'est-ce qu'on peut tirer de ce résultat plus que hors de l'ordinaire ? Il y a deux choix possibles :

1. Se dire que non, c'est impossible. On devrait arriver à l'infini, mais que les mathématiques utilisées ne sont pas assez puissantes ou développées pour que le résultat soit

valide. Pourtant, on ne semble pas avoir faire d'erreur de calcul.

2. On se dit que oui, c'est possible que la somme des nombres entiers naturels puisse effectivement donner un résultat aussi absurde que -1/12 pour une raison qui nous échappe et qui contredit toute logique. Dans ce cas, on ne cherche pas à donner une raison à ce résultat, mais de seulement l'accepter.

Alors maintenant si vous avez vidé votre breuvage, allez le remplir, car vous n'êtes pas encore dans la descente la plus à pic de la montagne russe qu'est ce chapitre.

Votre verre est plein ? Allons-y. Vous vous souvenez de notre belle vieille branche de la physique moderne qu'est la physique quantique ? Bah aujourd'hui on s'y replonge à bras ouvert, prêt à encore une fois accepter que la science puisse nous surprendre de la manière la plus étonnante.

Remontons dans le temps un peu en 1948 dans le bureau d'un physicien néerlandais du nom de Hendrik Casimir. Ce cher monsieur effectuait des recherches sur la physique quantique, plus précisément sur un phénomène quantique qui se passe entre deux plaques de métal parallèlement placées près l'une de l'autre.

Casimir voulait théoriser le phénomène observé. En science, qui dit théorie dit du même coup mathématique. Alors qu'un jour, stylo ou craie à la main, il écrivait ses équations pour former sa théorie, il tomba sur ça :

$$\sum_{n=1}^{\infty} n$$

Ça vous rappelle quelque chose ? Oui, la fameuse série des nombres entiers naturels. Hendrik Casimir était donc face à une impasse.

Logiquement, il aurait fallu que cette série donne l'infini, mais en physique quand quelque chose tend vers l'infini ce n'est jamais joli.

On obtient soit un trou noir, un big bang ou tout simplement rien si les équations ne sont pas bonnes. Dans le cas de Casimir il n'a rien de ça : il a deux plaques parallèles face à lui.

En méditant sur le problème qui se dessinait devant lui, il se souvenu qu'il avait vu quelque part que la somme des nombres entiers naturels pouvait être égale à -1/12 en suivant la démonstration mathématique qu'on a faite au milieu de ce chapitre.

Il décida donc de remplacer la somme des nombres entiers naturels, qu'il avait dans ses formules, par -1/12 et il finit sa théorie pour arriver à des résultats.

Maintenant c'est bien beau d'avoir fait une théorie avec de beaux calculs qui arrivent à un résultat, mais cette théorie est-elle valide ?

Pour en avoir le cœur net, il faut faire des expériences visant à la tester. Si une expérience contredit les résultats attendus par une théorie, cette dernière n'est donc pas valide.

C'est donc ce que des physiciens ont décidé de faire avec la théorie de Casimir. Ils ont réalisé en laboratoire le montage des deux plaques parallèles et ont mesuré physiquement des valeurs pour les comparer avec ce qui serait attendu de la théorie de Casimir.

Incroyable, mais vrai, tout concorde de manière déconcertante. C'est comme si la nature venait de valider, avec la physique quantique, qu'effectivement la somme des nombres entiers naturels est bel et bien égale à -1/12. Encore une fois, la quantique ne cesse de nous surprendre.

Par ailleurs, la preuve mathématique détaillée précédemment n'est pas le seul moyen d'arriver au résultat que $1+2+3+4+5+...+\infty = -1/12$. En effet, l'hypothèse de Riemann peut mener à ce résultat.

Qu'est-ce que l'hypothèse de Riemann me demanderiez-vous ? C'est simplement un problème mathématique très complexe auquel de nombreuses mathématiciennes et mathématiciens se creusent la tête. Ce problème pourrait d'ailleurs vous rendre riche si vous trouvez comment le résoudre. Ce problème est tellement difficile à résoudre qu'on l'a appelé le problème de Riemann et que toute personne qui peut démontrer mathématiquement sa solution recevra immédiatement un million de dollars américains (oui je vous l'avais dit que ça peut rendre riche) [28].

J'espère que ce chapitre mathématique ne vous aura pas trop fait peur. Vous pouvez rester encore un peu de temps dans votre fauteuil pour finir votre breuvage favori en méditant sur les mystères que nous montrent les mathématiques face à l'univers.

---

[28] Voir les sept problèmes du millénaire : https://www.maths-et-tiques.fr/index.php/detentes/les-sept-problemes-du-millenaire

Un chameau mesure la circonférence de la terre

Depuis on bon moment déjà, malgré l'avis contraire de certaines personnes, on sait que la Terre est une sphère, une boule; plus précisément un ellipsoïde.

Les observateurs du ciel nocturne, depuis bien longtemps, ont trouvé logique que la terre puisse être ronde, car en observant un peu les étoiles et la lune on se rend vite compte que ça semble tourner autour de nous de façon très cyclique.

D'autres pensaient que la terre était plate. Ce qui était aussi logique, parce qu'effectivement quand on regarde autour de nous on a beaucoup plus l'impression de marcher sur une surface plane que sur une grosse boule. Tout est une question d'échelle. Cette grosse boule, qu'est la Terre, est beaucoup trop grande à notre échelle pour qu'on soit en mesure de percevoir sa courbe au niveau du sol.

Aujourd'hui, grâce aux satellites et aux missions d'exploration lunaire Apollo on sait, avec images à l'appui, que la Terre est ronde. Sachant cela, on peut dire la chose suivante : puisque la Terre est ronde, elle n'est pas infinie.

S'en suit une question : elle est grande comment la Terre ? Si on veut faire un tour complet, quelle distance dois-je parcourir ? Ce sont des très bonnes questions et on va tenter d'y répondre au travers ce chapitre.

Imaginez que vous êtes dans une époque où aucune technologie moderne n'existe. Pas même l'électricité, ni même de machine à vapeur. Vous avez comme équipement scientifique tout ce qu'il y a de plus rudimentaire et vous avez peu de connaissances en science.

Voilà donc qu'un jour, alors que vous étiez en train de jouer avec des billes, vous décidez de prendre l'une des billes dans vos mains et la regarder rouler de vos doigts vers le creux de votre main. Vous voyez cette bille et vous vous demandez comment il serait possible de calculer son diamètre ou encore sa circonférence.

Pour une petite bille, c'est facile. Par exemple, pour la circonférence on peut prendre une corde, l'entourer autour de la bille, marquer la corde d'un trait après un tour et enfin mesurer la corde avec une règle. Même chose pour le diamètre, vous pouvez l'estimer à l'œil en plaçant la bille directement sur une règle.

Maintenant, imaginez une plus grosse bille. Par exemple un globe terrestre de bureau. Encore une fois, c'est possible avec une corde de mesurer la circonférence, mais déjà ça devient plus difficile avec une règle de bien mesurer le diamètre.

Si on prend une bille encore plus grosse, disons de la taille d'une planète, alors aucun instrument de mesure qui pourrait se trouver dans votre tiroir de bureau ne serait en mesure de prendre la mesure d'un diamètre ou d'une circonférence.

Avant tout, si on revient un peu au début du chapitre, on disait qu'à l'époque, sans les moyens scientifiques d'aujourd'hui, ce n'était pas évident de savoir si la Terre est plate ou si elle est ronde. On avait parlé que grâce aux étoiles, la lune ou le soleil on avait déjà un premier indice que la Terre est ronde. Eh bien des indices on peut en trouver d'autres. L'un d'entre eux est lorsqu'on se trouve sur le quai d'un port et qu'on regarde un bateau prendre le large pour l'éloigner de plus en plus du rivage.

Au début, quand le bateau est proche de nous, on le voit au complet. Cependant plus il s'éloigne, plus on dirait que sa coque se fond sous la ligne de l'horizon. Ça donne quelque chose comme ça :

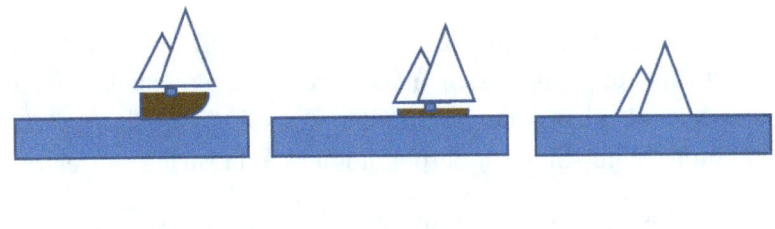

| Au port | Éloigné | Très éloigné |

Ici on peut faire trois hypothèses :

1. L'horizon mange le bateau
2. Le bateau coule
3. La surface de l'eau est courbée, donc le bateau est caché par la courbe plus il progresse sur celle-ci

Pour l'instant, je vais poser que la première hypothèse est la bonne : l'horizon mange le bateau.

On se rend vite compte qu'elle est mauvaise lorsqu'on revoit le bateau revenir au port en fin de journée, ce qui annule aussi la deuxième hypothèse.

Il semble donc que logiquement la surface de l'eau est courbée et par conséquent que la Terre est ronde, puisque l'eau suit la surface de la Terre.

Dirigeons-nous maintenant au dernier siècle avant notre ère (vers -200 à -100 av. J.-C.). Un bon monsieur qui vivait à cette époque s'appelait Ératosthène et était mathématicien, astronome, philosophe et géographe.

Ératosthène rencontra, un jour, des voyageurs qui avaient passé par la ville de Syène un 21 juin à midi. Lors de leur passage, ils avaient remarqué quelque chose de spécial au niveau du soleil lorsque midi tapant sonnait.

62

Ils ont vu que le soleil ne faisait pas d'ombre pour les objets parfaitement verticaux et qu'on était capable de voir son reflet (du soleil) dans le fond d'un puits.

Cela signifiait que les rayons du soleil sont parfaitement verticaux par rapport sol ou encore parfaitement parallèles par rapport à un bâton perpendiculaire au sol. Cela fait en sorte que la lumière du soleil est perpendiculaire à la surface terrestre.

Ératosthène réfléchit un peu à ce qu'il avait attendu des voyageurs et se dit quelque chose qui pouvait ressembler à ça :

« Si je considère que le soleil est très loin de la terre, je peux donc affirmer que ses rayons lumineux sont parfaitement parallèles quand ils touchent la Terre. Maintenant, si je pose l'hypothèse que la Terre soit une sphère, en ne sachant pas de base si s'en est une ou non, alors avec un peu de trigonométrie et quelques mesures de l'ombre d'objets à une bonne distance l'un de l'autre un 21 juin à midi, je pourrai déterminer le rayon de la Terre et ainsi sa circonférence. »

OK cette phrase est peut-être un peu longue et manque un peu de clarté. Ne vous inquiétez pas, on va élaborer là-dessus. Ce qu'Ératosthène ait pu penser c'est qu'il est possible de déterminer le rayon de la Terre (donc ensuite sa circonférence) à partir du fait que les rayons du soleil arrivent parallèlement à la surface de la Terre.

Il est possible de faire ça en effectuant la mesure d'ombres d'objets situés à deux points distincts de la Terre.

Ératosthène a donc préparé une expérience qui pourrait mettre en pratique sa logique de pensée. Décrivons cette expérience sous forme d'un protocole :

Début du protocole :

Matériel requis ->

- Une horloge
- Un chameau avec son maître
- Un bâton bien droit & une règle

Manipulations ->

1. Positionnez-vous à quelques centaines de kilomètres de la ville de Syène. Demandez au maître du chameau de calculer la distance entre vous et la ville de Syène. Il doit revenir ensuite vous la dire.

   À noter : le pas des chameaux est très régulier, ce qui permet de calculer de manière approximative une distance terrestre entre deux villes en comptant le nombre de pas qu'il fait.

2. Lorsqu'il est midi tapant le 21 juin (fiez-vous à votre horloge), aller à la position que vous étiez à l'étape 1 et planter un bâton très droit le plus verticalement possible par rapport au sol.

3. Mesurer la hauteur du bâton et la longueur de l'ombre qu'il projette au sol. Prenez en note les mesures que vous avez prises.

OK, on a terminé le protocole on a tout ce qui nous faut pour calculer la circonférence de la Terre. Simple non ?

Maintenant on va utiliser une branche des mathématiques qui s'appelle la trigonométrie pour la suite. Comme le dit si bien le dicton, une image vaut mille mots. Voyons une figure qui nous aidera à bien comprendre la géométrie du problème :

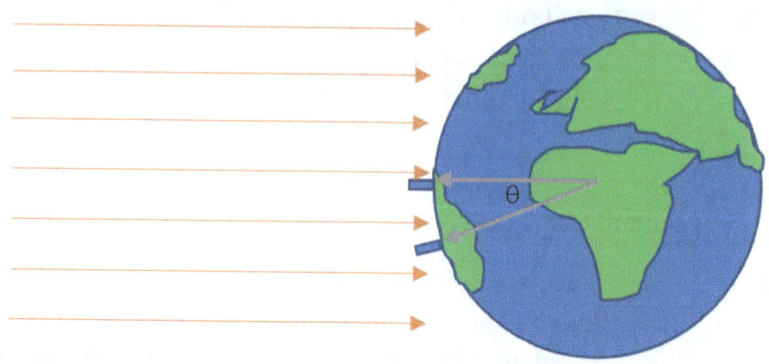

Sur cette image, on peut voir à gauche des flèches qui représentent les rayons du soleil parallèles arrivant sur la Terre. À droite on a premièrement la Terre, mais on peut aussi voir deux bâtons qui sont représentés par de petits rectangles. On voit aussi deux flèches, à partir du centre de la Terre, et qui rejoignent sa surface. La longueur des deux flèches correspond au rayon de la terre. L'angle entre les deux flèches est nommé thêta (θ).

Maintenant, si on revient aux données que nous disposons. On a : la distance entre les deux bâtons, leur hauteur, la longueur de l'ombre du bâton du bas de l'image. À noter que le bâton du haut est pile-poil parallèle aux rayons du soleil et ne fait donc pas d'ombre.

Prenons le bâton du bas et analysons son ombre :

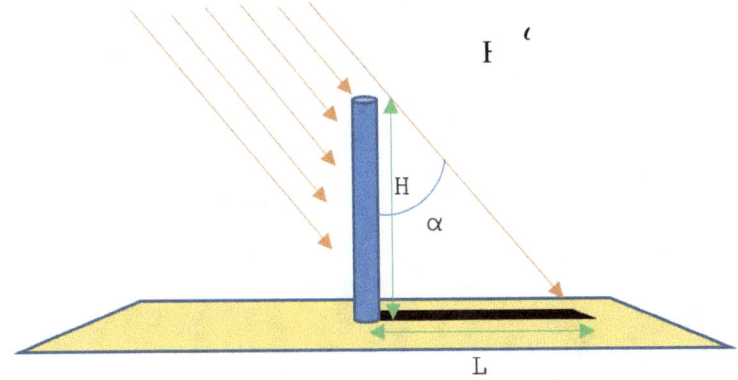

Ici on voit que la hauteur du bâton est d'une valeur H et la longueur de son ombre est d'une longueur L.

Puisque le bâton est parfaitement vertical au sol, son axe pointe parfaitement le centre de la Terre (même chose pour le deuxième bâton). À partir des longueurs H et L, il est possible de déterminer l'angle α que forme le triangle droit ayant comme cathète le bâton et l'ombre.

La formule trigonométrique à utiliser est simple :

$\alpha = \tan^{-1}(L/H)$. Par principe des angles alternes-internes, cet angle alpha correspond exactement à l'angle entre les deux flèches de la figure qui montre les deux bâtons sur la Terre (angle θ sur la première figure).

On a presque tout ce qu'il faut pour déterminer le rayon de la Terre. Puisqu'on connait la distance entre les deux bâtons, notre problème revient presque à déterminer les dimensions d'une pointe de tarte, mais dans notre cas la tarte elle est grosse comme la Terre. Dessinons cette pointe de tarte :

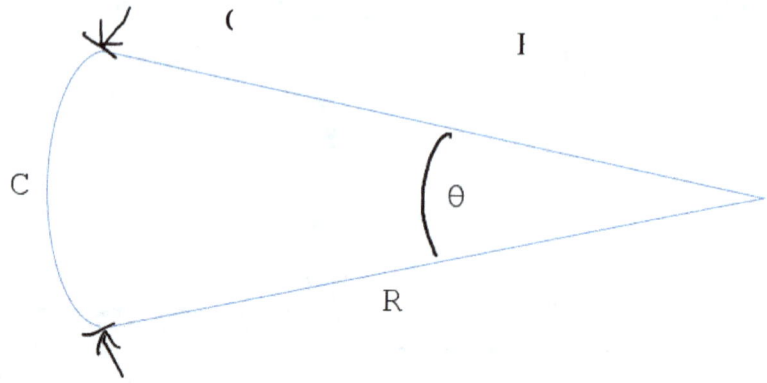

Ici on a déjà θ (l'angle de la pointe), C (la distance entre les deux bâtons) et on cherche la valeur de R (le rayon de la Terre).

La longueur C correspond à celle d'un arc de cercle et R le rayon de ce même cercle. Mathématiquement, la longueur d'un arc de cercle s'obtient avec la formule suivante : $C = 2\pi R\theta°/360$ (où θ est en degré et non en radian). En isolant R de l'équation on obtient que $R = 360C/(2\pi\theta)$.

Bingo, on a tout ce qui faut, il suffit de calculer avec cette formule la valeur de R. Une fois que l'on connait R, on est directement capable de calculer la valeur de la circonférence de la Terre. En effet, circonférence $= 2\pi R$.

C'est donc de cette manière qu'on est en mesure à partir de seulement une règle, un bâton et un chameau de calculer la circonférence de la Terre.

Si on revient un peu à notre très cher Ératosthène, la valeur qu'il a obtenue était que la circonférence de la Terre avait approximativement 39375km[29] de longueur. C'est extrêmement proche de la valeur précise qu'on connait aujourd'hui grâce aux satellites, soit une circonférence de 40075km.

Cela représente une erreur de mesure de seulement 100-(40075/39375)*100=1,7%. C'est fou à quel point qu'un chameau et un peu de calcul puissent mener à un résultat aussi précis.

Après autant de mathématiques vous méritez bien un peu de repos, mais juste avant de terminer de ce chapitre il y a deux trois trucs qu'il faut encore parler. Ne vous inquiétez pas, il n'y a pas de maths en vue.

Vous vous souvenez peut-être qu'au début du chapitre on avait mentionné que la Terre n'est pas une sphère, mais plutôt un ellipsoïde. C'est quoi la différence entre les deux ? La voici :

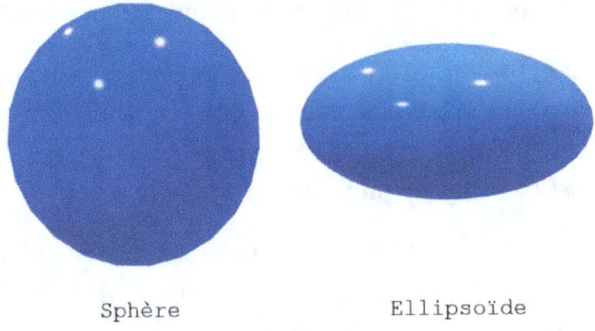

Sphère   Ellipsoïde

Bon oui ici la forme est exagérée. En réalité la Terre est beaucoup plus proche en apparence d'une sphère que d'un ballon écrasé.

Cependant, la Terre est effectivement un ellipsoïde puisque la circonférence à l'équateur est plus grande que celle des passants par les pôles. Pourquoi ? En deux mots : force centrifuge.

La force centrifuge s'applique à tout objet qui tourne sur lui-même et sur tout objet qui se déplace sur une trajectoire courbe.

La Terre tourne sur elle-même, à un rythme d'un tour par 24h. Cette rotation n'est pas négligeable.

Lorsque la force centrifuge agit, elle s'applique sur l'objet qui la subit pour « fuir » son centre de rotation.

En gros, dans le cas de la Terre, ça fait en sorte que l'équateur ressent cette force et s'éloigne un peu de l'axe de rotation de la Terre. C'est pourquoi que la Terre enfle un peu et prend la forme d'un ellipsoïde.

Si on revient à la valeur de la circonférence de la Terre qu'on connait aujourd'hui (de 40075km), on doit spécifier que c'est la valeur qu'on obtient au niveau de l'équateur.

Ce n'est pas exactement la même valeur si on veut la mesurer à un autre endroit sur le globe. Toutefois, puisque la Terre est très semblable à une sphère ça ne change pas beaucoup.

Il y a peut-être un truc qui vous chicote en voyant 40075km comme valeur, c'est vachement proche de 40000km non ? Si on arrondit oui. On peut alors se demander d'où vient le 75km de plus ? Est-ce la Terre qui a pris un peu de ventre ?

Ce n'est pas une simple coïncidence d'arriver à une valeur proche de 40000km. Si on prend l'origine de la définition du mètre étalon[30], sa longueur ne vient pas de nulle part. En effet, pour définir la longueur du mètre étalon, les gens de l'époque ont fixé une règle pour l'obtenir. Ils se sont dit que si on divise la Terre en quatre au niveau de sa circonférence et qu'on mesure la longueur de l'arc de cercle d'un des quatre morceaux ; cette longueur sera par définition de 10000km.

Donc les quatre morceaux ensemble ça donne la circonférence de 40000km de la Terre. Ainsi, en divisant par 10000 un quart de morceau de la circonférence de la terre, on

---

[30] Voir le chapitre sur les unités

obtient la longueur d'un kilomètre et en redivisant ce un kilomètre par mille on obtient le mètre étalon.

Le 75km de plus qu'on note aujourd'hui sur la circonférence de la Terre c'est que maintenant on n'utilise plus cette méthode pour définir le mètre, mais plutôt en fonction de la vitesse de la lumière dans le vide[31].

Ouf, on est rendu à la fin de ce chapitre. Vous savez désormais comment mesurer la circonférence de la Terre avec seulement ; un chameau, un bâton et une règle.

[31] Voir le chapitre sur la vitesse de la lumière

Trou noir

Trou noir : ce n'est probablement pas la première fois que vous entendez ce terme.

Souvent, quand on pense à trou noir on pense à un truc dans l'espace qui aspire tout sur son passage. Vous n'avez pas tout à fait tort ni tout à fait raison.

Un trou noir est loin d'être un gros aspirateur d'étoiles et de planètes. C'est quoi au juste alors ?

Avant toute chose, je dois vous avertir que ce chapitre tentera de vous présenter du mieux possible ce qu'est un trou noir, mais attention si vous être astrophysicien n'ayez pas de trop grandes attentes, vous en connaissez beaucoup plus sur les trous noirs que moi.

On va tout de même aller chercher le maximum d'information qui pourrait vous intéresser cher lecteur ou chère lectrice et tenter de dessiner le meilleur portrait-robot d'un trou noir.

Dit grossièrement, un trou noir c'est une singularité spatio-temporelle qui courbe l'espace-temps pour entrer dans des conditions physiques inconnues à ce jour.

Ne paniquez pas, c'est normal si cette dernière phrase vous a déstabilisée, on va simplifier les choses.

Commençons par le commencement. Présentement, à moins que vous soyez un astronaute en orbite, sur la Lune ou encore sur Mars (si c'est le cas, salut voyageur ou voyageuse de l'espace !) ; vous êtes sur la planète Terre.

Une grande différence entre le fait d'être sur la Terre ou sur la Lune, c'est l'intensité de la gravité.

L'accélération gravitationnelle de la Terre est plus grande que celle sur la Lune (9,81 m/s² sur Terre et 1,6 m/s² sur la Lune). Une des conséquences directes de cette différence est que pour quitter l'attraction gravitationnelle de la Terre, on a besoin d'une vitesse pas mal supérieure à celle qu'on aurait besoin pour quitter l'attraction de la Lune.

On appelle la vitesse nécessaire pour quitter l'attraction gravitationnelle d'un astre la <u>vitesse de libération</u>.

Celle de la Terre est d'environ 40000km/h. Donc supérieur à cette vitesse on est en mesure d'aller voyager dans le système solaire et si on se déplace en dessous de cette vitesse on retombe assurément sur Terre; n'étant pas assez rapide pour quitter le champ gravitationnel de notre belle planète.

Pour calculer la vitesse de libération d'un astre, on utilise cette formule mathématique :

$$V_{libération} = \sqrt{\frac{2GM_{astre}}{R_{astre}}}$$

Analysons un peu la formule de la vitesse de libération. On a la constante gravitationnelle $G = 6,67384 \times 10^{-11}$ m³ kg⁻¹ s⁻², la masse M_{astre} et le rayon R_{astre}.

Plus M_{astre} est grand, plus $V_{libération}$ le sera aussi et plus R_{astre} est petit, plus $V_{libération}$ devient grand.

Cependant, à un moment donné on atteint une limite. On ne peut pas ajouter de la masse comme qu'on veut ou encore rapetisser R pour obtenir n'importe quelle vitesse de libération.

En effet, rien n'est plus vite que la vitesse de la lumière[32], pas même la vitesse de libération. C'est là qu'entrent en jeu les trous noirs.

---

[32] Voir le chapitre sur la vitesse de la lumière

Tout objet qui possède une vitesse de libération qui serait supérieure à la vitesse de la lumière est un trou noir. Il est donc physiquement impossible de se séparer d'un trou noir une fois qu'on est à l'intérieur.

Quand je dis qu'il est impossible d'en sortir, je veux dire absolument tout : pas même la lumière. Sinon il faudrait que la lumière ait plus rapidement qu'elle-même pour avoir une chance de s'en sortir.

Avant d'aller plus loin dans la définition des trous noirs on va s'intéresser à comment on sait qu'ils existent. En effet, c'est plutôt rare de croiser un trou noir dans la rue. Où est-ce qu'on les trouve au juste ?

Ce n'est que très récemment que la technologie a permis de prendre la première photo d'un trou noir. Avant, un trou noir n'était qu'un objet théorique qui découlait de la théorie de la relativité générale d'Albert Einstein dont les formules mathématiques montraient que la physique permettait que de tels objets célestes existent.

Ce que pouvait nous dire la relativité générale sur un trou noir c'est qu'il s'agit d'un objet astrophysique tellement massif qu'il s'effondre sur lui-même à cause de sa force de gravité trop intense.

Le trou noir est donc une boule dans l'espace ayant un rayon qu'on appelle « horizon des évènements ». Cette boule n'émet aucune lumière, onde, rayonnement[33], énergie et absorbe tout ce qui s'en approche de trop prêt.

---

[33] On sait aujourd'hui que les trous noirs peuvent émettre un rayonnement appelé rayonnement de Hawking, du nom du célèbre scientifique Stephen Hawking qui a établi cette théorie. Cependant, il ne s'agit pas d'un rayonnement qui provient de l'intérieur de l'horizon des évènements, mais bien à sa surface.

On a mentionné il y a quelques lignes un terme qui vous a peut-être attiré l'œil : l'horizon des évènements. Il s'agit d'une limite de non-retour en quelque sorte. On définit l'horizon des événements comme étant la distance par rapport au centre du trou noir où il faudrait avoir une vitesse supérieure ou égale à celle de la lumière pour quitter l'attraction gravitationnelle du trou noir.

Passé cette frontière, il n'y a aucun moyen possible pour revenir en arrière. Pourquoi avoir donné ce nom à cette limite ? C'est assez simple, l'horizon des événements est la limite où il est possible de savoir quels événements physiques se produisent. À l'intérieur d'un trou noir, on a aucune idée sur ce qui s'y passe physiquement ; vraiment aucune.

Il n'y a pas de théorie ou d'instrument de mesure qui permet avec certitude de savoir ce que deviennent les choses qui entrent dans un trou noir. Ce n'est même pas une limitation technologique. Même si on avait un bébé trou noir en laboratoire, physiquement on n'est pas capable d'aller à l'intérieur, prendre en note ce qui se passe et revenir ; c'est impossible.

Dans l'univers on retrouve les trous noirs un peu partout. Souvent il s'agit d'une étoile supermassive qui s'effondre sur elle-même en fin de vie pour ainsi se transformer en trou noir. On trouve aussi des trous noirs qui se sont formés il y a très longtemps lorsque l'univers s'est formé[34].

On retrouve plus souvent les trous noirs au centre des galaxies, mais aussi ailleurs. Il est très difficile de les voir. En effet, ils n'émettent aucune lumière, c'est donc impossible de les prendre en photo directement.

---

[34] Voir le chapitre sur l'univers

Alors ici vous vous dites surement : oui, mais tu nous as dit qu'on avait récemment pris une photo d'un trou noir[35]. Oui effectivement on a pris une photo, mais plutôt ce qui se passe très proche de lui, à sa frontière. Comme un trou noir n'émet pas de rayonnement, on considère qu'il s'agit d'un objet optiquement invisible.

Même s'il est difficile de savoir beaucoup d'information sur les trous noirs, les scientifiques ont tout de même été en mesure de les classifier et d'obtenir quelques renseignements. On peut classer les trous noirs en certaines catégories : les trous noirs stellaires et les trous noirs supermassifs.

La différence entre les deux est principalement leur masse : de l'ordre de quelques masses solaires[36] pour les stellaires et des milliards de fois plus massives pour les supermassifs.

Les trous noirs de type stellaire naissent à la suite de l'effondrement d'une ou plusieurs étoiles en fin de vie, d'où leur faible masse. Ceux de type supermassif ont absorbé beaucoup plus de masse et se retrouvent en grande majorité au centre des galaxies. On pense que la majorité, sinon toutes, des galaxies possèdent un trou noir en leur centre.

Maintenant d'un point de vue plus physique fondamentale, on est capable de savoir quelques propriétés des trous noirs. Il y en a très peu à vrai dire. Tout d'abord chaque trou noir possède une masse M (non nulle), un moment cinétique et une charge électrique (qui est soit nulle ou non nulle). À partir de seulement ces trois informations, on est capable de définir quatre types de trous noirs :

---

[35] Le M87 pour être précis
[36] Nombre de fois la masse de notre Soleil

1. Si la charge électrique est nulle et son moment d'inertie est également nul, on appelle ce type de trou noir le trou noir de Shwarzschild.
2. Si le moment cinétique est nul, mais pas la charge électrique c'est un trou noir de Reissner-Nordström.
3. Si la charge est nulle, mais pas le moment : c'est un trou noir de Kerr
4. Finalement pour le cas où la charge et le moment sont non nuls, on a un trou noir de Kerr-Newman

On connait déjà mieux ce qu'est un trou noir. Il y aurait bien d'autres choses à dire sur leur nature, mais maintenant on va plutôt se concentrer sur leurs effets.

Si un jour vous disposez d'un vaisseau spatial capable de vous amener très près d'un trou noir, alors je vous conseille d'aller ailleurs. Pourquoi ? Car vous risquez de devenir une nouille spaghetti.

Ce n'est presque pas une blague. Tout objet qui s'approche de près d'un trou noir va subir le phénomène de spaghettification (oui c'est un vrai terme).

Une chose à savoir c'est que proche de l'horizon des événements, la force de gravité est très intense, mais aussi sa variation dans l'espace également.

On va se donner un exemple simple avec des chiffres fictifs pour représenter ce qui se passe. Disons que vous être très proche d'un trou noir; dans une position où vos pieds sont plus près que votre tête de la frontière du trou noir.

Si on avait un appareil qui mesure l'accélération gravitationnelle, on pourrait mesurer au niveau de votre tête une accélération de $90 m/s^2$ et au niveau de vos pieds une valeur de $4566\ m/s^2$. À noter que les chiffres que je viens de donner sont à titre d'exemple seulement.

Ce qu'on peut interpréter de tout ça est que vos pieds sont beaucoup plus attirés par le trou noir que votre tête.

Une conséquence directe est que votre corps va s'allonger pour prendre la forme d'une nouille spaghetti jusqu'à ce que vous disparaissiez dans le trou noir. C'est donc vraiment impossible de s'en sortir vivant.

Il y aurait tant à dire encore sur les trous noirs : la possibilité de voyager dans le temps, les lentilles gravitationnelles, le rayonnement de Hawking, les ondes gravitationnelles, les trous de verre, les trous blancs et j'en passe ! Toutefois, chers lecteurs et chères lectrices, afin de ne pas vous faire atteindre un « horizon des évènements » qui vous aspirerait dans un chapitre trop chargé, il est plus sage de se contenter ainsi sur le sujet des trous   noirs.

Comment les avions volent ?

Le titre de ce chapitre pose une bonne question ; comment les avions-vols ?

Je serai très heureux de répondre à cette question. Au moment d'écrire ces lignes, je suis finissant au baccalauréat universitaire de génie aérospatial à Polytechnique Montréal ; donc je peux affirmer que les avions je connais bien ça.

Pour commencer, on va modifier un peu la question de départ pour se poser la question suivante : qu'est-ce qui fait voler les avions ?

Avec cette nouvelle interrogation, on s'oriente déjà vers une meilleure piste de solution. Physiquement, qu'est-ce qui est responsable de faire voler les avions ?

Une réponse facile et logique est de dire que ce sont les ailes qui font voler un avion. Vous auriez la majorité de vos points si c'était une question d'examen, mais n'allez pas faire ça le jour de l'examen[37] !

Cependant, on ne va pas se contenter à seulement cette réponse ; on va aller plus en détail. Prenons d'abord l'image d'un avion vu de côté en vol :

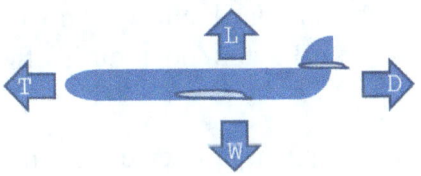

Analysons un peu ce qu'on voit dans la figure. On voit le fuselage de l'avion, le profil d'aile, le profil de stabilisateur horizontal et le stabilisateur vertical.

---

[37] Il n'y a pas d'examen en vrai, mais lisez la suite quand même

On voit aussi quatre flèches avec des lettres écrites à l'intérieur : T, L, W & D. Ces flèches représentent les quatre principales forces qui agissent sur l'avion pour permettre son vol. Décrivons les un peu :

W[38] est la force qui correspond au poids de l'avion. Sa valeur est $W = masse_{avion} \times g$ où $g = 9,81m/s^2$ (l'accélération gravitationnelle terrestre).

L[39] est la portance de l'avion. C'est la force qui pousse l'avion vers le haut et lui permet de rester dans les airs. Si L est plus grand que W, l'avion va prendre de l'altitude. Si L est plus petit que W elle en perdra et si L=W l'avion reste à une altitude constante.

D[40] correspond à la force de traînée de l'avion. C'est la résistance de l'air occasionnée par le déplacement de l'avion. On va détailler un peu plus tard comment se décompose la force D.

finalement T[41] est la force de poussée des moteurs. Lorsque T est supérieur à D, l'avion prend de la vitesse, l'inverse se produit si T est inférieur à D et la vitesse reste stable si T=D.

On a déjà l'information essentielle pour savoir comment l'avion vole. C'est la variation des quatre principales forces qui permet en partie de contrôler l'avion et on va voir plus tard ce qui permet de piloter l'avion pour qu'il effectue différentes manœuvres.

À ce stade une question pertinente est : mais d'où viennent ces forces ? Excellente question.

---

[38] W pour « W » soit « Poids » en anglais
[39] L pour « Lift » soit « Portance » en anglais
[40] D pour « Drag » soit « Traînée » en anglais
[41] T pour « Thrust » soit « Poussée » en anglais

En ce qui concerne la force W, on en avait déjà un peu parlé. Elle provient du poids de l'avion qui correspond à sa masse multipliée par l'accélération gravitationnelle. Une chose importante à savoir est que cette force n'est pas constante en vol. En effet, au départ, on a un avion plein de carburant et ce carburant est progressivement brûlé par les moteurs. Cela fait en sorte que le poids initial des avions est toujours supérieur à celui à la fin du vol.

Prenons maintenant la force L qui correspond à la portance. La portance vient principalement des ailes de l'avion et s'exprime mathématiquement par la formule :

$$L = \frac{1}{2} \times \rho \times C_l \times S \times V^2$$

Cette forme mathématique de la portance est assez simple à comprendre. On voit d'abord que la portance augmente proportionnellement à la densité de l'air (ρ), à l'aire de la surface de l'aile (S), ainsi qu'avec le coefficient de portance de l'aile (C_l).

Cependant, la portance augmente au carré de la vitesse (V) de l'avion qui est donc le principal facteur qui contribue à cette force.

La portance est créée par la différence de pression entre l'extrados[42] et l'intrados[43] de l'aile. L'air qui circule au-dessus de l'aile parcourt une plus grande distance que celle qui passe en dessous. L'air du dessus doit donc circuler plus rapidement à l'extrados qu'à l'intrados ; par principe de la conservation de la masse d'air qui circule autour de l'aile.

Une chose qu'il faut savoir est que plus l'air se déplace rapidement, plus sa pression baisse. On peut donc affirmer

---

[42] Le dessus de l'aile
[43] Le dessous de l'aile

qu'on a une haute pression à l'intrados et une basse pression à l'extrados.

La haute pression exerce une force sous l'aile en raison de la différence de pression entre l'intrados et l'extrados ; ce qui crée la portance.

Un autre phénomène crée aussi de la portance. Il s'agit d'une conséquence directe de la troisième loi de Newton ; chaque action engendre une réaction égale et opposée[44]. En gros si on prend un profil d'aile et qu'on regarde l'écoulement d'air autour on obtient quelque chose comme ça :

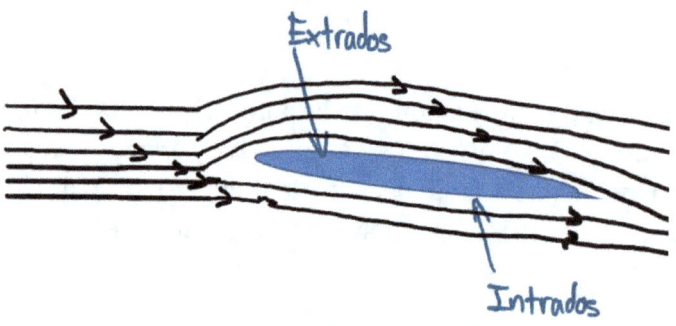

On appelle les lignes qu'on voit sur le dessin des « lignes de courant ». Ces lignes permettent de bien visualiser le comportement de l'air autour de l'aile.

Avant de croiser l'aile, on voit que les lignes de courant sont parallèles. Par la suite, elles entrent en interaction avec l'aile et se déforment. L'écoulement à l'extrados gagne en vitesse et arrive au bord de fuite de l'aile (l'arrière de l'aile) avec un certain angle par rapport à l'orientation de l'écoulement de l'aile original (avant de croiser l'aile).

---

[44] Voir le chapitre sur les Lois de Newton

Cela fait en sorte que l'écoulement d'air global est légèrement orienté vers le bas à après avoir passé l'aile. Par principe d'action réaction, comme l'écoulement exerce une force vers le bas, la réaction sera une force vers le haut qui se traduit par une portance.

La portance est la force « magique » qui fait quitter les avions du sol et permet de les maintenir dans les airs.

On a passé sur cette force un peu rapidement, mais l'essentiel est là.

Maintenant si on se concentre sur la force D, la traînée, elle est très similaire à la force de portance. Sa formule mathématique est d'ailleurs presque identique :

$$D = \frac{1}{2} \times \rho \times C_d \times S \times V^2$$

On voit que le seul terme qui diffère est qu'à la place d'avoir un coefficient de portance, on a un coefficient de trainée (C_d).

La traînée se divise en plusieurs types. On a premièrement la traînée de forme qui est directement reliée à la forme de l'avion que se déplace dans l'air.

Ensuite on a la traînée de frottement (aussi appelée force de friction) qui correspond à la résistance de l'air qui frotte aux parois de l'avion. La traînée de friction est directement proportionnelle à la rugosité de la surface de l'avion. Donc plus la surface est lisse, moins cette force de traînée est importante.

Finalement on a la traînée induite qui survient en bout d'aile en créant des tourbillons. La traînée induite est particulièrement intéressante. Si on revient un peu au paragraphe où on parlait de la force de portance, on avait mentionné que la pression à l'extrados est inférieure à celle à l'intrados. Si on se déplace vers le bout d'aile, on arrive à une zone où la basse pression rencontre la haute pression.

Afin d'essayer d'atteindre l'équilibre, la haute pression tentera de se frayer un passage vers l'extrados, ce qui va créer de gros tourbillons en bout d'aile et donc induire une traînée ; la traînée induite.

La dernière des quatre principales forces est la poussée. Elle est générée par le ou les moteur(s) de l'avion. Le moteur s'occupe de transformer l'énergie chimique du carburant en énergie mécanique qui se convertit à son tour en énergie cinétique par la suite.

Il existe principalement deux types de propulsion sur un avion : par hélice ou par le souffle d'un turbo réacteur. Dans les deux cas, le principe est le même, on doit aspirer l'air devant l'avion pour le pousser par en arrière ; ce qui génère une poussée grâce à la troisième loi de Newton.

Prenons d'abord le cas d'une propulsion avec hélice. Le fonctionnement d'une hélice est assez simple. On a généralement des hélices à deux pales, parfois plus. Une pale est tout simplement l'équivalent d'une petite aile. La forme particulière d'une pale crée un profil aérodynamique qui possède aussi un intrados et un extrados.

La différence significative entre une pale et une aile, mise à part leur taille, est qu'à la place de se déplacer en ligne droite par rapport à l'air, le déplacement d'une pale est en rotation.

Une portance est donc formée par chacune des pales. Comme l'hélice tourne perpendiculairement à la trajectoire de l'avion la portance de l'hélice se traduit en poussée de l'avion.

Concernant les moteurs à turbo réaction, un chapitre complet est dédié à son sujet et je vous invite donc à aller le lire après ce chapitre ; ça fait une bonne suite.

Maintenant qu'on a fait le tour des quatre principales forces qui agissent sur l'avion, on va désormais s'intéresser à ce qui fait en sorte qu'on est capable de piloter un avion. Les grands responsables sont les surfaces de contrôles qui sont situés un peu partout sur l'avion.

Une chose importante à savoir sur le contrôle d'un avion est de déterminer les différents mouvements possibles à réaliser. Pour cela on va définir trois axes principaux qui permettent d'exécuter les manœuvres de pilotage. Prenons un schéma qui montre bien ces trois axes ;

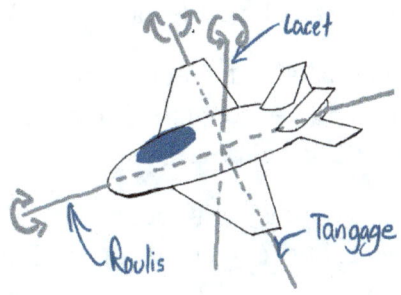

Dans cette image on peut voir l'axe de roulis, l'axe de tangage et celui de lacet. Ce sont les axes auxquels l'avion peut tourner sur son centre de gravité pour manœuvrer.

L'axe de roulis permet des mouvements latéraux, le lacet permet de tourner à gauche ou à droite et le tangage permet de prendre ou de perdre de l'altitude.

Lorsqu'on combine le mouvement de plusieurs axes ensemble on est capable de diriger l'avion comme on le souhaite.

Vous vous rappelez peut-être qu'on disait un peu plus tôt : ce sont les surfaces de contrôles qui permettent de faire les différents mouvements de l'avion en vol. Voici quelques exemples de surface de contrôle : ailerons, dérive, gouverne de profondeur, volets, volets hypersustentateurs, etc.

Les principaux qui vont nous intéresser aujourd'hui sont les ailerons, la dérive et la gouverne de profondeur.

Les ailerons permettent le mouvement de roulis, la gouverne de profondeur le tangage et finalement la dérive à effectuer des mouvements en lacet.

Commençons avec les ailerons. Ils sont situés en général en bout d'aile ; un par bout d'aile donc généralement on a 2 ailerons sur un avion. Ces derniers tournent autour d'un axe pour aller vers le haut ou vers le bas.

Les deux ailerons vont toujours dans le sens contraire de l'un envers l'autre. C'est-à-dire que si l'aileron de droite va vers le haut, l'aileron de gauche ira vers le bas ; vis et versa.

Lorsque les ailerons sont actionnés, l'avion effectue un mouvement de roulis et penche donc d'un côté ou l'autre. L'avion se déplace ainsi latéralement dans le sens où il se penche.

En ce qui concerne la gouverne de profondeur, elle se situe au bout de la queue de l'avion, dans une position horizontale. Lorsqu'elle bouge, elle crée une force au bout de la queue ce qui la fait monter ou descendre le nez de l'aéronef. Le résultat est d'obtenir un mouvement global de l'avion en tangage. Lorsque la gouverne de profondeur est actionnée vers le bas, l'avion piquera du nez et l'inverse se produit quand elle est tirée vers le haut.

Les ailerons et la gouverne de profondeur sont actionnés par le manche du pilote, mais on ne procède pas de la même façon pour utiliser la dérive. Cette surface de contrôle est, elle aussi, située au bout de la queue de l'avion, comme la gouverne de profondeur, mais cette fois-ci à une position verticale. On peut bouger la dérive à l'aide de deux pédales aux pieds du pilote.

La dérive permet d'effectuer les mouvements en lacet pour tourner dans les airs à gauche ou à droite. Si vous avez déjà fait du pédalo, la petite gouverne en arrière qui permet de le contrôler fonctionne sous le même principe que la dérive.

On a bien fait le tour sur comment les avions font pour voler. Vous en avez probablement appris davantage sur les principaux principes qui font voler ces bijoux du ciel que sont les avions.

Comment fonctionne un moteur à réaction ?

L'aéronautique peut paraître comme un domaine très complexe et peu accessible aux gens en général. Tout dépend de la façon dont on se fait expliquer la matière et si elle est bien vulgarisée.

L'une des pièces maîtresses de l'aéronautique moderne concerne les moteurs qui équipent les avions. Un type de moteur très utilisé est le moteur à réaction ou nommé autrement ; les moteurs de turbines à gaz.

Qu'est-ce qu'une turbine à gaz ? Bien que le nom « turbine à gaz » met en valeur le terme « turbine », cette dernière n'est qu'un morceau d'un moteur de turbine à gaz.

Avant d'entrer dans le vif du sujet, nous devons d'abord établir les bases de ce qu'est une turbine à gaz. Maintenant que le nom est bien ancré dans votre tête, allons-y.

Les avions modernes ne volent pas sans propulsion. En effet, pour voler, un avion ne dépend pas la même poudre magique qu'utilisent les reines du père Noël pour voler.

Ils utilisent plutôt des moteurs leur permettant de les pousser dans les airs. Ce ne sont pas directement ces derniers qui font directement voler les avions, mais plutôt leurs ailes qui, grâce à la vitesse dans l'air, génèrent une poussée vers le haut.

Les premiers avions motorisés utilisaient des moteurs à piston (comme pour les voitures ou pour votre tondeuse) afin de se propulser avec une ou des hélices.

Les besoins d'aujourd'hui nécessitent l'utilisation de moteurs plus puissants et appropriés pour atteindre les vitesses et altitudes de croisières désirées.

Les turbines à gaz sont la solution miracle à cet objectif. Vous avez probablement attendu parler des turbines à gaz selon certaines de ses appellations : moteurs à réaction, turbopropulseur, turbofan, turboprop, turbojet ou tout simplement « bijou de technologie ».

Le fonctionnement d'une turbine à gaz est très simple à expliquer ; c'est un tuyau, avec des trucs qui tournent et d'autres qui ne tournent pas à l'intérieur. La façon dont fonctionne un moteur à réaction est la suivante :

1. L'air est aspiré par en avant.
2. Il est ensuite comprimé dans un compresseur qui fait augmenter sa pression.
3. Ensuite on brûle l'air dans la chambre de combustion à de très hautes températures ; trop chaud pour réchauffer votre poulet frit ou votre guimauve.
4. On dirige ensuite le flux d'air dans la turbine qui se met à tourner. La turbine est reliée au compresseur afin de faire fonctionner ce dernier.
5. Finalement l'air s'échappe à grande vitesse par l'échappement.

Donc en seulement cinq étapes faciles, vous comprenez la majorité d'une turbine à gaz. Voici un schéma des composantes des étapes qui viennent d'être énumérées.

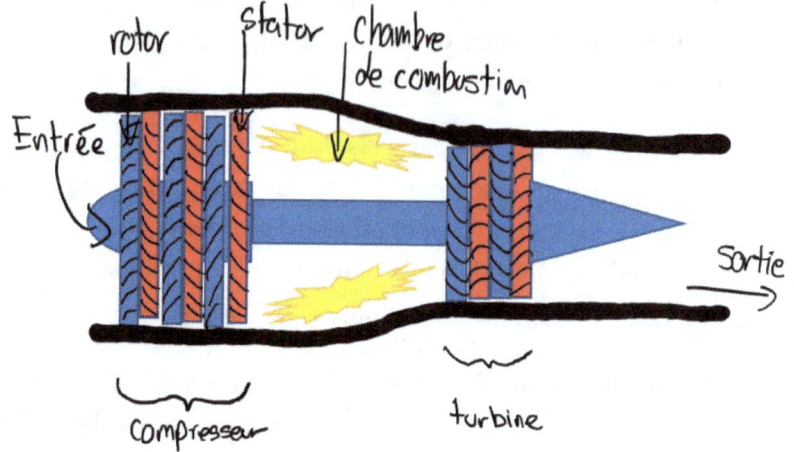

Comme mentionné précédemment, le but premier d'une turbine à gaz est de créer une poussée qui propulse l'avion en vol.

Pour se faire, l'air est accéléré à de grandes vitesses et par le principe de la deuxième et la troisième loi de Newton, une force est générée.

Pour que le moteur fonctionne, de l'énergie doit être consommée et transformée en travail mécanique. Cette énergie provient du carburant brûlé dans la chambre à combustion. Elle est transformée en énergie mécanique par la turbine lorsque l'air chaud passe au travers et également par la force de l'air à l'échappement qui crée la poussée de l'avion.

Certains types de turbines à gaz n'utilisent pas les gaz d'échappement du moteur comme moyen de propulsion, mais ils utilisent une hélice connectée à la turbine pour générer une poussée. C'est le cas des petits avions à hélice ou par exemple les hélicoptères.

D'autres fonctions sont aussi rattachées aux turbines à gaz. Elles permettent d'assurer la pressurisation des cabines en vol, d'alimenter en électricité l'avion et aussi à dégivrer les ailes.

Ce qu'il faut retenir des turbines à gaz, mis à part leur beauté, c'est qu'il s'agit d'une machine transmettant de l'énergie à l'air pour propulser un appareil volant.

Ce processus consiste en cinq étapes faciles : aspire, compresse, brûle, tourne et crache.

Les moteurs à réaction permettent aux avions de gagner de la vitesse pour créer de la portance avec leurs ailes et ainsi pour voler. Ils permettent aussi directement aux hélicoptères de prendre leur envol et peuvent servir à bien d'autres choses comme produire de l'électricité.

Les orbites

Le mot orbite vous est probablement familier. Quand on l'entend, on pense à « espace », à « fusée » ou encore à « satellite ».

Au juste, c'est quoi une orbite ?

La définition est assez simple en fait ; une orbite est une trajectoire courbe dont le foyer[45] de cette trajectoire est un astre.

Si on prend la Lune par exemple, elle est en orbite autour de la Terre et son foyer est la Terre elle-même.

En théorie, une orbite stable permet à un objet de tourner autour d'un astre à l'infini en suivant toujours la même trajectoire de façon cyclique. Ça, c'est en théorie, car en pratique il y a toujours des phénomènes extérieurs, tels le frottement ou une perturbation d'un autre astre qui ne permettent pas de suivre la trajectoire à l'infini.

La prochaine figure présente le schéma d'un objet en orbite autour d'un autre objet plus massif. Du dessus on verrait quelque chose qui ressemble à ça :

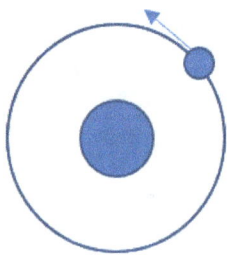

---

[45] Le foyer correspond « au centre » que formerait le « cercle » de la trajectoire courbe

Au centre on a un astre massif, beaucoup plus massif que ce qui tourne autour. Son champ gravitationnel est assez grand pour influencer la trajectoire du deuxième astre ou objet plus petit qui se met à tourner en rond. Attention, les orbites ne sont pas toujours rondes, la plupart sont ovales ou d'autres formes.

Pour bien comprendre la mécanique derrière le principe des orbites, on va y aller une étape à la fois.

Imaginez que vous êtes un beau dimanche après-midi dans un parc. Dans ce parc, il y a une haute tour de plusieurs dizaines d'étages et vous décidez d'aller sur son toit pour voir la vue des terrains boisés autour.

Vous avez avec vous une balle de baseball (ou de tennis, à vous de choisir). Puisque vous êtes sur une tour très haute, il n'y a pas d'obstacles autour de vous. Vous décidez alors de lancer la balle de toutes vos forces avec un angle de lancer qui permet que la balle se déplace parfaitement à l'horizontale, par rapport au sol, lorsqu'elle quittera votre main.

Dans cet exemple on va négliger la résistance de l'air, donc une fois que la balle est lancée à toute vitesse, la seule force qui agit sur celle-ci est la force gravitationnelle. La balle perdra donc de l'altitude et va finir pas toucher le sol à une certaine distance du point de lancer.

Vous faites quelques lancers et vous vous rendez compte que plus vous lancez fort, plus la balle va loin. Voyons voir un schéma qui résume les trajectoires de vos différents essais :

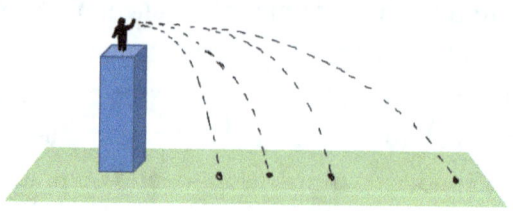

On voit bien sûr cette image la trajectoire de chaque balle lancée et la distance entre la tour avec le point d'impact.

Maintenant, on va poser l'hypothèse que vous avez un super pouvoir qui fait en sorte que vous pouvez lancer la balle avec autant de force que vous le souhaitez. Ainsi, avec ce pouvoir, il sera possible de lancer la balle pour qu'elle puisse parcourir des kilomètres.

Rendu à ce paragraphe, vous êtes peut-être un peu perdu sur où on s'en va ; ça s'en vient.

On va reprendre encore une fois le même scénario (lancer une balle à partir d'une tour), mais on va dézoomer un peu pour voir l'ensemble de la Terre. On va refaire encore une fois plein de lancées en lançant de plus en plus fort, à chaque fois, pour voir ce qui se passe :

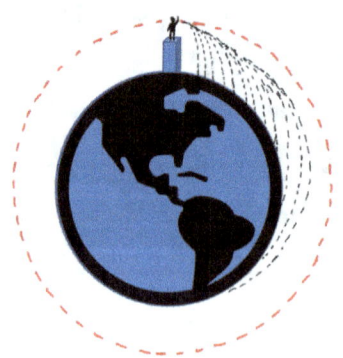

Analysons un peu ce qu'on observe. On voit d'abord les trajectoires d'une douzaine de lancers. La balle est toujours lancée de plus en plus fort et tombe donc de plus en plus loin.

Comme la Terre est ronde, sa surface est donc courbée. Ainsi, en même temps que la balle tombe après avoir été lancée, la surface terrestre en dessous d'elle se courbe devant elle.

Viens un moment que lorsqu'on envoie la balle à la bonne vitesse, on remarque que la vitesse de chute de la balle est égale à la « vitesse de courbure » terrestre.

La vitesse relative en altitude entre le sol et la balle est donc nulle. La balle ne rencontrera jamais le sol et reviendra même au point initial qu'elle a été lancée. Puisqu'on néglige le frottement de l'air, la balle ne perdra donc jamais sa vitesse initiale et continuera indéfiniment à tourner autour de la Terre.

À partir du moment où la balle est sur une trajectoire qui fait en sorte qu'elle ne touchera plus la surface de la Terre, en tournant autour, on considère qu'elle est en orbite.

Ici vous me diriez surement, si j'étais à côté de vous, que cette expérience de lancer une balle ne fonctionnerait seulement que si on avait un bras surpuissant et pas d'air qui freine la balle. Vous auriez raison, je ne vous contredirais pas.

Ce que je vous répondrais c'est de remplacer le bras surpuissant par une fusée. En ce qui concerne le frottement avec l'air, allez assez loin de la surface de la Terre pour vous trouver en dehors de l'atmosphère (donc pas d'air).

Remplacez aussi la balle par un satellite, un vaisseau, une sonde ou une voiture électrique[46].

---

[46] Ouais une voiture Tesla a été lancée dans l'espace par la compagnie Space X il y a quelques années.

Pour pouvoir mettre des objets fabriqués par des humains et humaines dans l'espace, on utilise pour l'instant les fusées ; appelée des lanceurs orbitaux.

Donc à la place de faire un lancer qui se rapproche d'une impulsion (dans le cas d'un lancer avec nos mains), on fait un lancer qui dure quelques minutes ; le temps de vol de la fusée.

Maintenant que l'on connaît bien ce qu'est une orbite, on va parler à quel point elles sont importantes.

La vie de tous les jours serait bien différente si les orbites n'existaient pas. La nature étant bien faite, la Terre est en orbite autour d'une étoile qu'est le Soleil. La Terre possède elle-même un satellite naturel (la Lune) en orbite autour de nous.

L'orbite terrestre se situe autour du soleil qui fait en sorte que les saisons existent. L'orbite terrestre permet également de maintenir notre planète à une distance viable du soleil ; pas trop proche ni trop loin.

Le fait que la Lune est en orbite autour de la Terre fait en sorte que les marées existent et aussi de voir la Lune la nuit briller de son éclat.

Au niveau moins naturel maintenant, les satellites permettent l'existence d'internet, du GPS, de la télévision, de l'observation des systèmes météo et bien d'autres utilités.

Tous les satellites artificiels gravitent autour de la terre sur des orbites bien précises et sans ces dernières on n'aurait pas de satellites !

L'une des orbites utilisées par beaucoup de satellites s'appelle l'orbite géostationnaire. La particularité de cette orbite est que la vitesse nécessaire pour l'atteindre est égale à la vitesse de rotation de la Terre.

Cela fait en sorte que d'un point de vue d'un observateur à la surface de la Terre, le satellite semblera ne pas bouger. Il serait toujours au-dessus du même point terrestre. C'est particulièrement utile pour certains types de satellites qui doivent rester au même endroit pour fonctionner.

Avant de conclure ce chapitre, il y a une dernière chose importante qu'on pourrait mentionner sur les orbites. Dans notre système solaire, les planètes qui le composent sont toutes en orbites autour du soleil.

Grâce à des observations, on est en mesure de calculer l'orbite des planètes. Il est ainsi possible de déterminer la position d'une planète dans le temps pour soit l'observer ou encore envoyer des sondes l'explorer.

C'est avec le calcul d'orbite que l'humanité a été en mesure de poser le pied sur la Lune et d'envoyer une sonde prendre une photo de Pluton ; la planète naine la plus populaire et controversée du système solaire. Le calcul d'orbites permet même de faire des découvertes surprenantes.

Un astronome du nom de Alexis Bouvard remarqua une nuit où il prenait des mesures de l'orbite de la planète Uranus que des irrégularités survenaient.

Quand on dit irrégularité, c'est-à-dire que ce qu'on observe ne concorde pas parfaitement avec nos calculs.

Normalement, quand ce qu'on voit ne concorde pas avec les prédictions, c'est qu'on est passé à côté d'une variable importante dans les calculs. Si on prend le cas des observations d'Alexis, c'est une grosse variable qui a été négligée.

L'une des raisons qui pouvaient expliquer pourquoi les mesures ne concordaient c'est qu'une planète inconnue pouvait avoir un impact sur la trajectoire orbitale d'Uranus.

Ainsi, chacun de leur côté, deux scientifiques (monsieur Urbain Jean Joseph Le Verrier et monsieur John Couch Adams) ont calculé, à partir de l'observation des perturbations d'Uranus, l'orbite et la position de cette hypothétique planète qui dérange ses voisines.

Il suffisait ensuite de pointer un bon télescope à l'endroit où devait se trouver la planète inconnue pour vérifier si l'hypothèse est vraie ou non.

C'est de cette manière ingénieux que la planète Neptune a été découverte en 1846. Quand même incroyable de se dire que quelques observations, une hypothèse et un peu de calculs ont permis de découvrir une planète dont on ignorait l'existence dans notre propre système solaire.

Ce chapitre a permis de voir ce que sont les orbites au niveau de la mécanique céleste et de voir à quel point elles sont importantes.

Sans les orbites, il n'y aurait pas cet endroit où on habite : la Terre n'existerait guère dans cet univers.

La thermodynamique

Lors de ma première session universitaire en génie aérospatial, l'un des cours que j'ai suivis était le cours de thermodynamique.

Ce cours a été très difficile, je ne le cacherai pas, et je ne faisais pas partie non plus des meilleurs de ma classe.

Cependant, une fois rendu à l'université, surtout à mon école d'ingénierie, l'écart entre le moins performant et le plus performant n'a pas vraiment d'importance ; le but est d'apprendre et se surpasser soi-même.

J'ai passé plusieurs heures, jusqu'aux petites heures du matin parfois, à étudier la thermodynamique.

Cette branche de la physique, à mon humble avis, est l'une des matières les plus intéressantes au monde. La thermodynamique existe dans une zone qui fait partie de la physique pure et presque aussi dans la zone de la philosophie.

Avant de bien vous lancer dans la lecture de ce chapitre, je tiens à vous avertir que les prochaines lignes risquent de modifier la manière dont vous voyez le fonctionnement de la nature autour de vous. Si vous êtes prêt à voir à quel point la thermodynamique piquera votre intérêt, lisez ce qui s'en vient. Ce chapitre est un bref résumé, mais juste, de ce qu'est la thermodynamique.

Tout d'abord, établissons une définition claire sur ce qu'est la thermodynamique exactement. Il s'agit de la branche de la physique qui étudie le comportement de la chaleur et les phénomènes d'échange d'énergie du point de vue des systèmes thermiques.

Comme toute autre branche de la physique, la thermodynamique repose sur des lois fondamentales de la nature. On en dénombre quatre pour définir le domaine large que couvre la thermo[47].

Il y a de prime abord la loi zéro de la thermodynamique. Ce que cette loi nous dit c'est que si on prend deux systèmes thermodynamiques dont chacun est stable thermiquement avec un troisième système, alors par défaut les deux premiers systèmes sont également en équilibre thermique entre eux.

Je ne veux pas vous décevoir en vous disant qu'on ne va pas élaborer davantage sur cette loi, ce n'est pas pour rien qu'on l'appelle la loi zéro et non la loi première.

Passons maintenant à la première loi de la thermodynamique qui est nettement plus intéressante que la loi zéro. Cette loi détermine le concept de la conservation de l'énergie.

Un peu comme la matière : rien ne se perd, rien ne se crée, tout se transforme. En gros, si on prend un système thermodynamique, on note qu'on ne peut pas créer d'énergie ni la perdre, on ne peut que la transformer ; elle reste constante.

Ce que ça veut dire c'est que l'énergie présente dans n'importe quels phénomènes et système thermodynamique provient obligatoirement de quelque part et subit des transferts ou transformations d'énergie.

Une équation mathématique simple décrit la conservation de l'énergie :

$$\Delta E_c + \Delta U = Q + W$$

---

[47] Oui de fois je vais employer le nom affectueux donné à la thermodynamique : la thermo.

Ici ΔE_c correspond à la variation de l'énergie cinétique[48] du système, ΔU correspond à la variation de l'énergie interne du système (souvent de l'énergie chimique par exemple), Q est l'énergie du transfert thermique et finalement W le travail[49] échangé avec le milieu extérieur.

Si cette équation de conservation de l'énergie n'est pas respectée, il y a deux conclusions possibles :

1. Vous avez un système qui ne peut exister dans la réalité.
2. Vous serez le récipiendaire du prochain prix Nobel de physique[50].

Si la loi de conservation de l'énergie n'était pas respectée, ça ferait en sorte qu'on créerait de l'énergie à partir de rien : le principe des machines à mouvement perpétuel ou génératrice d'énergie infinie gratuite (qui n'existe pas en réalité).

La nature fait en sorte que tout phénomène physique respecte cette règle, à ce qu'on sait.

La première loi de la thermo décrit donc le comportement de l'énergie thermique dans les phénomènes physiques.

La deuxième loi de la thermodynamique, quant à elle, traite cette fois le sujet de l'entropie. C'est cette deuxième loi qui amène avec elle le côté philosophique dans le monde de la physique et vous allez voir pourquoi.

L'entropie est en quelque sorte la mesure du désordre, la dégradation de l'énergie. La deuxième loi impose un sens pour chaque transfert d'énergie dans un système thermodynamique.

---

[48] Voir le chapitre sur l'énergie.

[49] Voir aussi le chapitre sur l'énergie

[50] Oui, ce serait une découverte assez majeure dans le domaine de la physique.

Pour mettre ça un peu plus concret prenons quelques exemples. Si vous placez un verre d'eau froide à 4°C sur une table dans une pièce à 20°C, alors le verre va naturellement se réchauffer en absorbant l'énergie thermique de l'air de la pièce jusqu'à tant que l'eau soit en équilibre thermique.

L'inverse ne se produit jamais, l'eau ne se refroidira jamais en étant placée dans une pièce plus chaude qu'elle.

Un autre bon exemple, c'est fois ci pour un phénomène non thermodynamique, est que si vous prenez un savon dans votre main et que celui-ci glisse de votre paume pour tomber au sol, alors le savon va se déplacer d'un point haut vers un point bas et non partir vers le haut direction l'espace.

C'est ce que fait l'entropie, elle permet à l'énergie de se déplacer dans une direction qu'on pourrait appeler « une direction naturelle » pour que le chaud ait vers le froid et non le froid vers le chaud.

Lorsqu'on calcule l'entropie générée d'un phénomène thermodynamique, la valeur de celle-ci doit toujours être positive. Si on calcule une valeur négative, ça veut dire que le système ne peut pas exister et dans le cas où elle est nulle c'est que le phénomène est complètement réversible[51].

Quand on parle de réversibilité et d'irréversibilité, c'est au niveau des pertes énergétiques qu'on peut déterminer dans lequel de ces deux cas où on se trouve.

En effet, en pratique il est impossible d'avoir un système qui n'a pas de perte énergétique. Tout phénomène contient des

---

[51] Qu'il est possible de passer d'un état A à B que de l'état B à A sans demander davantage d'énergie.

pertes et le rôle de tout bon ingénieur ou ingénieure est de les diminuer.

Ainsi, dans un cas fictif où il n'y aurait pas de pertes, on dit que le phénomène peut être réversible (dans la plupart des cas). Si on note une perte énergétique dans un phénomène, alors on est devant un cas irréversible.

L'entropie est assez mystérieuse. C'est comme si la nature imposait des « règles routières », une direction et des critères pour guider des phénomènes de transfert d'énergie.

Dans l'univers, l'entropie est toujours croissante et ce sera toujours le cas dans le futur, comme ça l'a été dans le passé. C'est presque à se poser la question sur qui ou quoi en a décidé ainsi (sans vouloir perturber vos croyances personnelles chère lectrice ou cher lecteur).

Passons maintenant à la dernière loi de la thermodynamique ; la troisième loi. Elle impose elle aussi une certaine limite.

Cette loi mentionne qu'il est impossible d'aller à des températures plus basses que le zéro absolu, le zéro Kelvin[52]. Zéro **K** correspond à une température d'environ -273,15°**C**. Il est impossible de faire plus froid que ça.

En fait, cette limite est un peu liée à la deuxième loi de la thermodynamique. En effet, à 0**K** on considère que l'entropie d'un système est nulle et donc si on allait plus froid que ça, l'entropie deviendrait négative ; ce qui est impossible.

Petite parenthèse ici, les kelvins négatifs existent (oui je sais que certains amateurs ou professionnels de physique vont être choqués par la lecture de cette ligne). Ce n'est toutefois pas ce

---

[52] Voir le chapitre sur les unités

que vous pouvez penser ; il ne s'agit pas de températures plus froides que 0**K**, mais bien l'inverse. Une « température » à kelvin négatif est très chaude.

On définit la température comme étant le niveau d'agitation des atomes ou molécules. Plus les particules sont agitées, plus la température est élevée et moins ils bougent, plus la température baisse alors.

Le 0**K** correspond en quelque sorte à la température lorsque les particules ne bougent plus du tout ; dans le cas où elles sont figées. En théorie, atteindre zéro kelvin est impossible. On peut s'en rapprocher de beaucoup sans jamais être capable de l'atteindre.

Maintenant vous en connaissez davantage sur les lois de la thermodynamique et sur leur sens physique. Une chose vous trotte peut-être encore en tête : La thermodynamique, ça sert à quoi ? Est-ce comme quand on m'a appris Pythagore au secondaire, je ne m'en servirai plus jamais de ma vie[53] ? Je serai très heureux de vous montrer à quel point la thermodynamique est utile.

On va se mettre en contexte :

- Imaginez que vous êtes en pleine canicule en été et que vous souhaitez tout de même bien dormir la nuit au frais dans une pièce climatisée.

---

[53] Il est totalement faux d'affirmer que vous n'utilisez jamais Pythagore de votre vie, vous vous en servez quotidiennement sans le savoir parfois. Un bon exemple est lorsque vous marché en direction de l'école ou du travail et que vous coupez le coin d'un terrain en marchant sur le gazon à la place de faire le carré du parcourt du trottoir : vous passez par l'hypoténuse d'un triangle rectangle qui est inférieur en longueur que l'addition des deux cathète du trottoir par principe que $H^2=a^2+b^2$; Pythagore.

- Imaginez que vous voulez un gros meuble pour ranger votre nourriture au frais (un réfrigérateur).
- Imaginez que vous voulez chauffer votre maison lors des temps froids de l'hiver.
- Imaginez que vous voulez avoir des glaçons dans votre verre de jus favori.
- Imaginez que vous voulez une machine qui permet de faire avancer une voiture (un moteur à combustion).

La petite liste ci-dessus n'est pas difficile à imaginer, on voit quotidiennement autour de nous la technologie qui permet de garder au frais des aliments, de chauffer nos maisons, faire avancer une voiture et autre.

Toutes ces technologies modernes reposent sous les principes fondamentaux de la thermodynamique : la mécanique de l'énergie thermique.

Ainsi, la prochaine fois que vous consommerez un repas chaud, une boisson froide ou profitez du confort de votre maison en hiver, vous allez savoir le nom de la science derrière tout ça : la thermodynamique.

Les trois lois de Newton

Aujourd'hui on va s'attaquer à un gros morceau de la physique : les trois lois de Newton.

Sans ces trois lois, on ne serait pas capable de faire ce qu'on réalise de nos jours au niveau de la mécanique, des moyens de transport, de l'aviation, de la navigation et j'en passe.

Le lexique de la mécanique classique vous est peut-être déjà familier, mais vous risquez tout de même d'apprendre quelques termes au terme de ce chapitre.

Au nombre de trois, les lois de Newton définissent les coulisses de la mécanique classique et elles sont très pratiques.

Elles peuvent autant expliquer la chute d'une pomme que de permettre d'atteindre la Lune. Si vous le voulez bien, chère lectrice ou cher lecteur, je vous invite à vous laisser guider par les mots des prochaines pages qui vous présenteront avec de sages paroles les rouages de la mécanique newtonienne[54].

La première loi de Newton concerne l'état d'un objet au repos ou en mouvement rectiligne uniforme.

Alors déjà là, les termes « mouvement rectiligne uniforme » nécessitent d'être clarifié. La manière la plus simple de définir ce type de mouvement c'est de dire ; on a un objet qui se déplace en ligne droite à vitesse constante. Aussi, quand on dit un objet au repos[55], c'est un objet qui ne possède pas de vitesse du point de vue d'un référentiel définie : il ne se déplace pas.

La première loi de Newton mentionne que si on a un objet qui est soit au repos ou en mouvement rectiligne uniforme,

---

[54] Aussi appelée mécanique classique.
[55] Ne pas confondre avec repos dans le sens de faire une sieste.

celui-ci conservera son état (c'est-à-dire sa vitesse et sa direction) tant et aussi longtemps qu'une force n'est pas appliquée sur lui.

Donc si on prend par exemple une sourie d'ordinateur[56] qui se déplace à vitesse constante en ligne droite dans le vide, et bien la sourie va conserver sa trajectoire à la même vitesse, à l'infini, jusqu'à ce qu'une force agisse sur elle (frottement, impact, gravitation[57], etc.).

À partir du moment où une force est appliquée sur l'objet, son état va changer, sa vitesse et/ou sa direction vont varier en réaction à cette force.

On peut voir la première loi de Newton au quotidien, il suffit de regarder un match de hockey pour remarquer rapidement que la rondelle change de vitesse et de direction lorsqu'une joueuse la frappe par exemple.

Cette loi est utile dans plusieurs champs d'application de la mécanique classique et est assez intuitive à comprendre.

Maintenant que vous voyez que la première loi n'est pas très méchante, attaquons la deuxième afin de voir de quelle force qu'elle se mesure.

La deuxième loi de Newton est ma préférée des trois. La première et la deuxième loi sont intimement liées l'une vers l'autre.

En effet, on avait mentionné il y a quelques lignes qu'un objet au repos ou en mouvement rectiligne uniforme conserve

---

[56] L'objet le plus près de moi au moment d'écrire ces mots.

[57] Petite note ici, à l'époque on pensait que la gravité était une force, mais Einstein prouva dans sa théorie de la relativité générale que c'est la conséquence de la courbure de l'espace-temps.

son état (vitesse et direction) tant et aussi longtemps qu'une force ne lui est pas appliquée.

C'est la deuxième loi qui vient expliquer pourquoi. On définit cette loi comme la conséquence de ce qui se produit lorsqu'une force est appliquée à l'objet pour faire changer son état.

En gros la deuxième loi dit que si une force est appliquée à un objet, ce dernier subira une variation de vitesse dans l'axe d'application de la force, et ce de manière proportionnelle à cette dernière.

Une seule formule peu exprimer cette loi à l'aide de trois lettres :

$F = m \times a$

Magnifique non ? Le produit de la masse par l'accélération subit par un corps physique est égal à la force qu'il subit.

Dans la formule, **F** est la force, **m** est la masse (en kg) et **a** l'accélération (en m/s^2). L'équation se lit dans les deux sens. C'est-à-dire que si on note une accélération d'un objet, alors on peut déterminer la force appliquée et à l'inverse si on applique une force on est en mesure de calculer l'accélération résultante.

Prenons un exemple pour se détacher un peu de la définition théorique mécanique de la deuxième loi de Newton pour en saisir le sens au niveau de ce qu'on peut voir autour de nous. Imaginez que vous voulez déplacer un meuble dans votre salon.

Imaginons un gros fauteuil de 50kg dans le coin du salon et vous désirez le déplacer à l'autre bout de la pièce. Alors vous avez deux options ; soit vous le prenez dans vos bras et vous marchez à l'endroit où vous le déposerez ou encore vous pouvez aussi le pousser pour qu'il glisse au sol.

Étant donné la masse élevée du fauteuil, vous risquez de vous faire mal au dos en le transportant, vous choisissez donc la deuxième option.

Imaginez ensuite que le contact entre les pattes du fauteuil et votre plancher n'occasionne pas de frottement : il est donc plus facile de le pousser.

Alors quand vous poussez le fauteuil, vous appliquez donc une force sur celui-ci. Si on reprendre la formule **F=ma**, ici **m**=50kg, l'équation se réécrit donc de la façon suivante : **F=50a**.

Pour celles et ceux qui ne sont pas familiers avec ce qu'est l'accélération, c'est tout simplement la variation d'une vitesse en fonction du temps. Si on prend une balle à une vitesse de 5 m/s et qu'en 5 secondes elle gagne de la vitesse pour atteindre 10 m/s, alors elle a subi une accélération de **a**=1 m/s^2 pendant 5 secondes, ce qui a fait gagner 5 m/s à la vitesse initiale.

Revenons à notre fauteuil, si on veut le déplacer on n'a pas le choix de lui donner une vitesse, car il est actuellement au repos (ne bouge pas).

Donc, disons que vous appliquez une force de 50 Newtons (oui les unités de force s'appellent les Newtons) sur le fauteuil pendant 2 secondes, alors l'accélération sera de 1 m/s^2, en se fiant à **F=ma**.

Après une seconde, la vitesse sera de 2 m/s. Il est aussi important que la force soit appliquée dans la direction que vous souhaitez que le fauteuil se déplace.

Ensuite, juste avant d'arriver au point de destination, pour immobiliser le fauteuil (puisqu'il n'y a pas de frottement dans notre exemple), il faudra que vous poussiez (ou tiriez) sur le fauteuil à une force de 50 Newtons dans la direction opposée au déplacement pendant 2 secondes (ou 100 Newtons pendant 1 seconde) afin de faire décélérer le fauteuil et qu'il perde 2 m/s afin de revenir à 0 m/s.

En réalité, on ne peut pas négliger la force de frottement et c'est cette force qui se charge de freiner le fauteuil en temps normal.

Le même principe s'applique à tout objet physique, même en incluant le frottement. La seule différence avec le frottement c'est qu'il faut prendre en compte la force additionnelle occasionnée par celui-ci dans les calculs vectoriels[58] de la résultante des forces (ce qui complexifie en gros la chose).

Passons maintenant à la troisième loi de Newton : chaque action engendre une réaction qui lui est égale et dans une direction opposée. C'est le principe d'action/réaction.

Imaginez que vous vous vous tenez debout, les deux pieds au sol. Quand vous êtes debout, vous avez une vitesse nulle par rapport au sol. On peut donc dire que vous êtes au repos. Ici votre poids exerce une force sur le sol.

Si on se fie à la deuxième loi de Newton, puisque vous exercez une force sur le sol, ce dernier devrait donc subir une accélération et donc commencer à bouger. Or ce n'est pas ce qu'on observe.

---

[58]Voir le chapitre sur la force

C'est la troisième loi qui explique pourquoi. Puisque vous appliquez une force sur le sol, alors par principe d'action-réaction le sol applique une force égale à votre poids, dans une direction opposée et donc les deux forces s'annulent, ce qui fait en sorte que vous ne subissez pas d'accélération par rapport au sol.

Alors ici certains d'entre vous me diraient probablement : oui, mais François[59] si on reprend ton exemple du fauteuil, techniquement lui aussi ne devrait pas bouger, car il va exercer une force égale et opposée à ce qu'on lui applique.

Vous avez raison, il va effectivement se comporter en tenant compte de la troisième loi de Newton, mais il y a une variable qu'il faut prendre en compte : le fauteuil va effectivement se déplacer par rapport au sol, mais il ne se déplacera pas par rapport à vos mains qui sont en contact avec lui tout au long de l'application de la force.

Donc vos mains transmettent une force de 50 Newtons au fauteuil, celui-ci vous renvoie une force de 50 Newtons, donc aucun changement de vitesse par rapport à vos mains, mais un changement de vitesse par rapport au sol survient.

Ce qui fait en sorte que le fauteuil se déplace c'est que vous vous déplacez avec lui pendant que vous le poussez en marchant sur le sol. Si on garde le même exemple, mais qu'à la place de le pousser à la main on ajoute un petit ventilateur sur le fauteuil, on pourra mieux saisir l'interaction des forces.

Les pâles en rotation du ventilateur permettent d'exercer une force sur l'air. Ensuite, l'air renvoie cette force au ventilateur qui est lui-même bien fixé au fauteuil et transmet donc aussi la

---

[59]Oui c'est mon prénom pour ceux qui ne savaient pas : allô! □

force par action-réaction. En appliquant les trois lois de Newtons, on voit que le fauteuil va changer d'état en conséquence[60] de la cause qu'est la force (première loi), il va accélérer proportionnellement à cette force (deuxième loi) et la force qu'il subit provient du principe d'action/réaction avec l'air (troisième loi).

Au nombre de trois, les lois de Newton façonnent la physique classique. L'application d'une force sur un objet l'efforce à changer d'état sans qu'il en ait le choix. Ces lois newtoniennes, bien qu'anciennes, sont toujours utilisées en ces temps modernes.

---

[60] *« […] de façon plus simple de causes et conséquence. Si je connais la cause, je peux savoir la conséquence. Si je sais lorsque je fais quelque chose je connais c'est quoi la conséquence. Mais l'idée ce n'est pas ça.»* -W.M. Normal que vous ne compreniez rien à cette phrase, ce n'est pas important.

L'énergie

Aujourd'hui on va parler d'un sujet qui englobe presque l'entièreté des phénomènes qui se déroulent autour de nous, tous les jours.

Quand on parle d'énergie on peut penser à comment on se sent durant la journée : « j'ai beaucoup d'énergie donc je suis prêt à aller faire du ski » ou encore « je n'ai pas beaucoup d'énergie donc je vais me reposer aujourd'hui, en lisant un livre de vulgarisation scientifique ».

Ce n'est pas ce genre d'énergie qui sera traitée dans ce chapitre, mais plutôt l'énergie pure, celle qui s'exprime en joules[61].

On divise l'énergie en plusieurs catégories, mais avant de les détailler essayons de mettre une définition claire sur ce qu'est fondamentalement l'énergie : « *L'énergie est la capacité de provoquer un changement, par exemple de changer l'état de la matière, ou de la lumière* »[62].

Commençons par catégoriser les différentes formes d'énergie :

- L'énergie cinétique est le type d'énergie qui concerne les mouvements. Chaque objet qui se déplace possède une certaine énergie cinétique égale à :

$$E_c = \frac{1}{2}m \times (v^2 \mid \omega^2)$$

  Ici E_c correspond à la valeur de l'énergie cinétique totale d'un objet (exprimée en J [Joules]), **m** est la masse

---

[61] Voir le chapitre sur les unités

[62] Source : Allô prof, L'énergie, https://www.alloprof.qc.ca/fr/eleves/bv/sciences/l-energie-s1079

en kg de cet objet, **v** [m/s] sa vitesse absolue en translation et finalement **ω** [rad/s] est la vitesse de rotation de l'objet autour de son centre de gravité.

On peut donc bien voir que l'énergie cinétique est influencée au carré de ses vitesses et tend donc à augmenter de manière quadratique.

- L'énergie potentielle est l'énergie « qui dort ». Je m'explique : l'énergie potentielle est la réserve d'énergie disponible pour être ensuite être utilisée.

Par exemple, lorsque vous chargez une voiture électrique, cette dernière va accumuler de l'énergie sous forme d'énergie potentielle afin de pouvoir graduellement la transformer en énergie cinétique pour faire avancer la voiture lorsqu'on appuie sur l'accélérateur.

C'est la même chose si on prend par exemple un piano accroché au câble d'une grue, si on lui fait gagner de la hauteur. Il gagnera de l'énergie potentielle gravitationnelle et la conservera tant et aussi longtemps qu'il est accroché au câble dans les airs à la même hauteur.

Lorsqu'on lâche le piano, sont énergie potentielle va se transformer en énergie cinétique ce qui va entrainer sa chute, on ne l'espère pas, sur quelqu'un.

Il a aussi l'énergie potentielle élastique et est celle qu'un ressort ou un élastique accumulera en le

113

comprimant (dans le cas du ressort) ou en l'étirant (dans le cas de l'élastique et aussi dans le cas du ressort). Voici quelques formules de différents types d'énergies potentielles :

$$E_{\{potentielle\ gravitationelle\}} = m \times g \times \Delta h$$

Où **m** [kg], **g** [m/s²] est la constante gravitationnelle et **Δh** est la différente de hauteur entre le point initial et le point final en hauteur.

$$E_{\{potentielle\ élastique\ et\ ressort\}} = \frac{1}{2} \times k \times \Delta x^2$$

Où **k** est la constante d'élasticité de l'élastique ou du ressort et **Δx** est l'étirement du ressort ou de l'élastique.

- L'énergie thermique est la mesure de l'énergie que possède un objet en fonction de sa masse et de sa température. Plus un objet est massif et plus il a une température élevée, alors son énergie thermique augmentera également selon la relation suivante :

$$E_{thermique} = Q = m \times c \times \Delta T$$

Où **Q** est l'énergie thermique [Joules], **m** [kg] la masse de l'objet, **c** [g/(J*°C)] la capacité thermique massique qui est une propriété des matériaux qui composent l'objet et finalement **ΔT** est la différence de température de l'objet entre sa température initiale et finale [en °C].

- L'énergie électrique est celle qui permet à tout appareil électrique et électronique de fonctionner. Il y a plusieurs façons de la calculer, notamment en multipliant la puissance électrique par un intervalle de temps, mais pour ça il faut définir ce qu'est une puissance.

La puissance est assez simple à définir : il s'agit de la mesure de la quantité d'énergie transmise par unité de temps.

Quand on parle de puissance, les unités qui y sont rattachées sont les Watts [W=J/s]. Ainsi, si on veut par exemple allumer une lampe de 100 Watts [W], il faudra chaque seconde lui donner 100 [J] pour qu'elle puisse fonctionner normalement. Si on parle plutôt d'une puissance fournie par un moteur alors on dit que le moteur libère une certaine quantité de joules chaque seconde donc il a une puissance de tant de Watts.

Parlons maintenant du travail énergétique. Non ce n'est pas l'énergie qui a un travail à temps plein pour gagner sa vie, mais plutôt la quantité d'énergie totale nécessaire pour déplacer un objet avec une certaine force sur une certaine distance. L'expression mathématique du travail énergétique pour le déplacement d'un objet est la suivante :

$$W = F_{eff} \times \Delta s$$

Où **W** est le travail [Joules], $\mathbf{F_{eff}}$ [Newtons] est la force appliquée sur l'objet pour qu'il se déplacement et $\mathbf{\Delta s}$ [m] est le déplacement de l'objet en mètre.

Depuis le début de ce chapitre, on a parlé à quelques reprises qu'un type d'énergie pouvait se transformer en un autre type d'énergie, comme dans l'exemple de la voiture électrique et du piano qui tombe.

On appelle cela la transformation énergétique. En gros, si on a une certaine quantité d'énergie, par exemple 1000 joules, sous une forme quelconque, il est possible de transformer en partie ce 1000 [J] en une autre forme d'énergie. Voici quelques exemples possibles :

Cinétique <=> Potentielle

Cinétique <=> Thermique

Thermique <=> Électrique

Électrique <=> Thermique

Le principe à respecter dans toute transformation énergétique est le principe de la conservation de l'énergie[63]. Cette loi de la conservation de l'énergie fait en sorte qu'on ne peut pas transformer 1000 joules d'énergie, d'un certain type, en 2000 joules d'une énergie d'un autre type. Il faut que tout au long de la transformation que le 1000 joules soit conservé.

Il faut aussi avoir en tête le rendement d'un transfert énergétique. Malheureusement, la nature fait en sorte qu'il n'est pas possible de prendre 100% d'un type d'énergie pour le transformer en un autre.

Il y aura toujours une perte énergétique, aussi infime qu'elle peut l'être. Attention, je ne dis pas que l'énergie disparait mystérieusement; elle se conserve toujours.

Quand on parle de rendement c'est que si par exemple on veut transformer une énergie potentielle électrique en énergie

---

[63] Voir le chapitre sur la thermodynamique

cinétique, on remarquera qu'un certain pourcentage de l'énergie potentielle sera effectivement transformé en énergie cinétique, mais un plus faible pourcentage sera aussi transformé en énergie thermique que le veuille ou non. Donc la partie énergétique qui ne nous est pas utile est appelée « perte énergétique ».

J'espère que ce chapitre aura su vous remplir d'énergie pour la suite de votre lecture.

La force

Quand on parle de la force, certains d'entre vous penseront immédiatement à Star Wars, où les Jedis et seigneurs du côté obscur possèdent un pouvoir, « la force », leur permettant de faire bouger des objets à distance, d'influencer les « esprits faibles » ou de ressentir des perturbations dans la force.

Je ne veux pas vous décevoir, mais ce n'est pas de ce genre de force qu'on va parler aujourd'hui.

On va parler de la vraie force, celle de la physique ! Dans de précédents chapitres on a déjà parlé de force sans toutefois bien définir de ce que c'est exactement.

Une force est une action mécanique sur un objet. Il y a deux conséquences possibles à une force : accélérer[64] l'objet ou le déformer.

Plusieurs types de forces existent : de traction, de frottement, magnétique, gravitationnelle, élastique, d'Archimède, de portance, de traînée, pression et j'en passe.

La façon de représenter une force est sous forme de vecteur. Alors, avant de perdre votre attention avec le dernier mot de la dernière phrase, rassurez-vous on va définir ce qu'est un vecteur.

Un vecteur est un objet mathématique très utile. Dans le cas d'une force, le vecteur force est une flèche qui se situe sur un point d'application, qui pointe dans une certaine direction et a une certaine longueur.

---

[64] Voir le chapitre sur les trois lois de Newton

Chose certaine, un vecteur est la manière la plus simple que les physiciens et physiciennes ont trouvés pour présenter une ou des forces sur un objet et d'ainsi pouvoir faire des calculs avec.

Voyons voir un exemple avec un objet soumis à quelques forces.

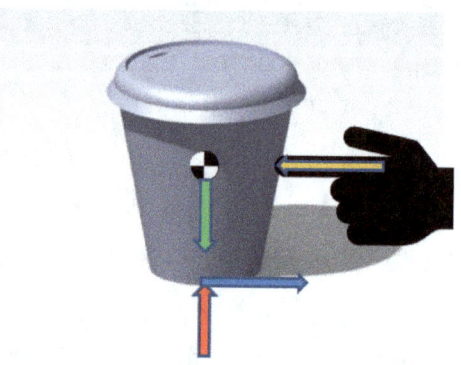

Dans la figure on voit quatre (4) forces en jeu. On a premièrement la force occasionnée par le poids du verre à café qui pointe vers le bas.

Ensuite la force normale, qui apparait en principe d'action-réaction, pointe dans la direction opposée du poids.

La troisième force est occasionnée par un doigt qui pousse sur la tasse et pointe vers la gauche et finalement la force en réaction et dans une direction contraire est le frottement, avec la surface de contact avec la tasse.

Dans cet exemple, les forces sont à l'équilibre, ce qui fait en sorte que la tasse ne bouge pas. Par conséquent, on peut affirmer que le poids de la tasse est égal à la force normale de la surface (donc la tasse de bouge pas en hauteur) et que la force du doigt est égale à la force de frottement à la surface ce qui fait en sorte que le verre ne se déplace pas latéralement.

Dans cette situation, les forces appliquées sont un peu « arrangées avec le gars des vues »[65]. Les forces pointent dans des directions verticales ou horizontales et le verre à café reste immobile. On va complexifier un peu les choses, mais avant de continuer il faut faire une petite parenthèse sur la sommation des forces.

Ne paniquez pas, mais on va se lancer un peu dans une branche des mathématiques qui s'appelle l'algèbre linéaire.

Si vous avez survécu à la lecture des derniers chapitres, il n'y a rien à craindre. On a déjà amorcé le sujet des vecteurs il y a quelques lignes : une flèche, avec un point d'application et une direction.

Juste avec ces informations, on peut définir un vecteur, oui, mais on ne peut pas tirer beaucoup de conclusions. C'est en analysant ce que le vecteur peut donner comme information qu'on est en mesure de faire des choses utiles. Prenons un vecteur (en 2 dimensions) quelconque :

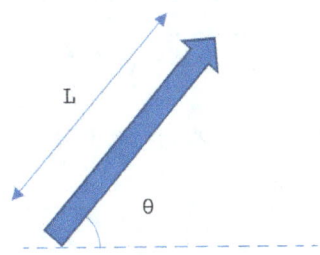

Donc on voit effectivement une flèche d'une longueur **L** qui pointe dans une direction avec un angle **θ** par rapport à l'axe horizontal.

---

[65] C'est moi le gars des vues ; François.

Avec ces données, on est capable de décomposer le vecteur selon ses composantes en vecteur unitaire **i** et **j**.

Les vecteurs unitaires **i** et **j** ne sont que des vecteurs dont leur longueur vaut 1 et où le vecteur **i** à un angle θ=0° et le vecteur **j** a un angle θ=90°.

Si on prend l'exemple d'un vecteur où **L**=5 m et **θ**=25° et qu'on veut le décomposer, il suffit d'utiliser la trigonométrie pour exprimer la projection horizontale du vecteur (le nombre de vecteurs **i**) et la projection verticale (nombre de vecteurs **j**).

Avec L=5m, θ=25°, on a que la composante horizontale du vecteur :

$$L_x = L*\cos(\theta) = 5*\cos(25°) = 4,53i$$

La composante verticale est :

$$L_y = L*\sin(\theta) = 5*\sin(25°) = 2,11j$$

Pour vérifier si on a bel et bien la bonne réponse on peut faire appel à la formule de Pythagore[66] :

$$L = \sqrt{L_x^2 + L_y^2} = \sqrt{4,53^2 + 2,11^2} = 5$$

Représentons les composantes sur une nouvelle figure avec le même exemple :

---

[66] Je vous l'avais dit que c'est utile Pythagore

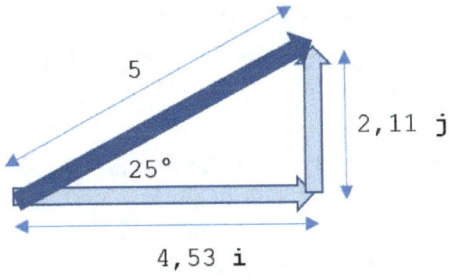

Bon, maintenant vous vous demandez probablement en quoi ça nous avance de savoir la valeur des composantes d'un vecteur : vous allez voir. Là où ça devient utile, c'est quand on veut additionner des vecteurs ensemble ; oui c'est possible et même souhaité.

On peut prendre deux ou plusieurs vecteurs, les additionner ensemble et ainsi avoir un vecteur résultant.

Ce vecteur résultant possèdera l'addition des composantes horizontales et verticales de chaque vecteur impliqué dans l'addition, d'où l'utilité de savoir leur valeur.

Prenons par exemple 5 vecteurs (dont deux d'entre eux sont identiques dans cet exemple), soit les vecteurs : **M,A,S,S** et **I**. Le vecteur **M** à une longueur (une norme) de $\|\mathbf{M}\|=1$m, le vecteur **A** à lui à une norme de $\|\mathbf{A}\|=2$m, les vecteurs **S** une norme de $\|\mathbf{S}\|=4$m et finalement le vecteur **I** possède une longueur de $\pi \approx 3{,}1416$ mètres[67]. Dans le même ordre, les vecteurs ont respectivement un angle (direction) de 5°,45°,125°,125° et 275° par rapport à l'horizontale.

On cherche maintenant les valeurs (norme et direction) du vecteur résultant **R** si on additionne les vecteurs **M,A,S,S** et **I**.

---

[67] J'ai écrit ce chapitre le 14 mars 2022, qui est la journée internationale du nombre Pi, c'est pourquoi ce vecteur à une longueur de Pi.

On va additionner les composantes horizontales et verticales, puis obtenir la longueur du vecteur résultant et finalement sa direction ;

$R_x = M\cos\theta_M + A\cos\theta_A + S\cos\theta_S + S\cos\theta_S + I\cos\theta_I$

$= 1\cos5° + 2\cos45° + 4\cos125° + 4\cos125°$

$+ 3,1416\cos275° = -1,904i$

$R_y = M\sin\theta_M + A\sin\theta_A + S\sin\theta_S + S\sin\theta_S + I\sin\theta_I$

$= 1\sin5° + 2\sin45° + 4\sin125° + 4\sin125°$

$+ 3,1416\sin275° = 4,925j$

Sachant les composantes horizontale et verticale du vecteur **R,** on est en mesure d'obtenir sa longueur et sa direction :

$$\|R\| = \sqrt{R_x^2 + R_y^2} = \sqrt{(-1,904)^2 + (4,925)^2} = 5,280 \ m$$

$$\theta_R = \tan^{-1}(\frac{4,925}{-1,904}) = 111,136°$$

Fin de la grande parenthèse sur l'addition des vecteurs.

Revenons aux forces appliquées à un objet. Si on reprend l'exemple du verre de café immobile sur une surface, puisqu'il ne bougeait pas c'est tout simplement parce que son vecteur résultant a une norme nulle : les composantes horizontales et verticales s'annulent.

Maintenant, si on prend le même exemple, mais qu'on appuie plus fort avec le doigt sur le verre pour que la force exercée soit supérieure au frottement du verre à la surface. Que se passera-t-il ?

C'est simple : le verre va commencer à bouger, car la force résultante devient non nulle. Qui dit force résultante non nulle sur un objet dit deuxième loi de Newton[68] : F=m×a.

Il suffit alors d'additionner ensemble tous les vecteurs forces que subit le verre afin de savoir dans quelle direction et avec quelle accélération le verre se déplacera.

Bon, oui ici l'exemple est un peu ennuyeux : un verre de café qui se déplace, mais vous pouvez remplacer le verre par une fusée, un avion, une voiture, une balle de tennis, la Lune, la Terre, ce livre[69] que vous avez en main et le même principe va s'appliquer.

OK, maintenant on en sait davantage sur ce que sont les forces et sur la manière de les représenter, mais avant de clore ce présent chapitre on va parler d'une dernière chose sur les forces.

Il existe quatre principales forces qu'on appelle « Les forces de la nature »: celles de l'univers[70]. Les voici : la force électromagnétique, la force de gravité, la force d'interaction nucléaire faible et finalement la force d'interaction nucléaire forte.

Décrivons-les un peu :

- La force électromagnétique est occasionnée par des champs électromagnétiques. Cette force est celle responsable de faire coller les aimants à votre

---

[68] Voir le chapitre sur les lois de Newton

[69] Si vous lisez ce livre en format électronique, je vous conseille d'avoir un vecteur résultant nul sur votre appareil électronique pour qu'il ne tombe pas au sol et se brise.

[70] Oui le vrai Univers, lui qu'on vit dedans.

réfrigérateur et de faire fonctionner un moteur électrique. Cette force est visible à notre échelle (celle des humains), vous allez voir pourquoi c'est important de le mentionner lorsque vous en saurez plus sur les prochaines forces.

- La force de gravité est celle qui nous attire vers le sol tous les jours, je pense qu'elle vous est très familière. À moins que vous soyez présentement en train de voyager dans l'espace[71], la force de gravité permet aux objets autour de nous de ne pas voler dans tous les sens et nous permet de nous déplacer en marchant, en voiture ou autre.

  C'est aussi cette force qui permet aux satellites d'orbiter[72] autour des planètes, aux planètes de tourner autour des étoiles et aux étoiles de le faire autour du centre de leur galaxie. La force gravitationnelle est elle aussi perceptible à notre échelle.

- La force d'interaction nucléaire faible est une force à une échelle imperceptible à l'humain : elle agit à l'échelle des atomes. Cette force nucléaire faible permet la désintégration des particules radioactives bêta[73].

- La force d'interaction nucléaire forte est elle aussi perceptible qu'à l'échelle atomique. Elle est responsable de maintenir la stabilité des atomes en empêchant certaines particules subatomiques de ne pas se

---

[71] Bonjour en provenance de la Terre si c'est le cas !
[72] Voir le chapitre sur les orbites
[73] Voir chapitre sur le modèle standard de la physique des particules

désintégrer (comme les protons ou les neutrons par exemple). Elle permet aussi la cohésion des particules qui composent le noyau des atomes.

Il y aurait bien d'autres choses à dire sur les forces, mais ne vous inquiétez pas, on va les aborder dans de prochains chapitres. Maintenant, allez vous reposer et reprendre un peu de forces avant de s'attaquer à la lecture des autres chapitres.

La théorie du Big Bang

Vous vous êtes probablement demandé d'où provient tout ce qui nous entoure : les objets, les lunes, les planètes, les étoiles, les galaxies, etc.

Certains d'entre vous, chères lectrices et chers lecteurs, ont probablement des croyances religieuses ou autre sur l'origine de l'univers. Dans ce chapitre, le but ne sera pas de dire si les religions ou les croyances autres sont dans le tort ou non, mais plutôt d'aborder du point de vue scientifique l'origine de l'univers, de notre univers...d'un univers.

Chose certaine, c'est que presque tous sont d'accord d'affirmer que l'univers s'est créé il y a très longtemps.

En tout cas, assez longtemps pour qu'aucun humain sur Terre ne puisse dire qu'il ou elle a été témoin de la naissance de l'univers[74].

Les observations astronomiques permettent de dire que l'univers existe depuis environ 13,8 milliards d'années. En mettant tous les zéros, ça donne 13,800,000,000.00 années.

La naissance de l'univers est l'évènement qui devrait posséder le record Guinness de l'évènement le plus ancien. On sait quand c'est arrivé, mais sait-on qu'est-ce qui est arrivé ?

Une chose est certaine, on a nommé ce moment, le début de l'univers : Le Big Bang[75].

Vous allez voir, les choses se sont déroulées assez vite pour donner naissance à l'univers. Attachez bien votre tuque[76], on va

---

[74] À moins que vous soyez un voyageur temporel, si c'est le cas bonjour !

[75] Ce terme provient d'un physicien qui voulait se moquer de cette théorie, n'y croyant pas.

passer au travers de l'histoire de l'entièreté de l'univers en un seul chapitre. Allons-y de manière chronologique :

1. L'ère de Planck : de 0 seconde à 10^{-43} secondes[77]

Ce très court intervalle de temps est le moment où l'univers a commencé à exister.

Attention, je ne dis pas qu'on n'est passé de rien du tout à ce qu'on peut voir autour de nous aujourd'hui : il y a eu bien des étapes avant de se rendre à ce qu'est l'univers actuel.

Si on prend l'hypothèse que la théorie de la supersymétrie est vraie, alors lors de l'ère de Planck, les quatre forces de la nature[78] étaient toutes égales en rapport d'échelle l'une face à l'autre, avec la même puissance.

Durant cette ère il aurait été justifié d'affirmer que les quatre forces de la nature n'en formaient qu'une. Sans vouloir vous décevoir, on ne connait pas plus d'information sur cette première étape de la création de l'univers, mais en même temps, il n'y a pas grand-chose à dire sur ce qui se passe en 10^{-43} secondes.

2. Ère de la grande unification : de 10^{-43}s à 10^{-36}s.

Je vous avais averti que les choses allaient vite au début de l'univers.

---

[76] Pour mes lectrices et lecteurs francophones, mais non québécois ou non canadiens-français, cette expression veut dire : tenez-vous bien.

[77] 10^{-43} seconde=
0,0000000000000000000000000000000000000000001 seconde

[78] Voir le chapitre sur la force

On entre maintenant dans l'ère de la grande unification. Une chose importante à prendre en compte c'est qu'au début de l'univers, il faisait extrêmement chaud, mais genre vraiment chaud.

La température moyenne de l'univers dépassait tout record de chaleur. À partir de l'ère de la grande unification, cette température moyenne commence à descendre et l'univers commence à prendre de l'expansion.

Ici on va déjà faire une petite parenthèse :

Quand je dis que l'univers est en expansion, je ne dis pas qu'il part d'un seul point qui grossit en une grande explosion : non. Malgré le nom « Big Bang », la naissance de l'univers n'est pas une explosion. Pourquoi ? Parce que tout simplement si cet évènement avait été une explosion, alors la naissance de l'univers aurait été seulement un évènement local (une explosion) qui se produit à l'intérieur d'un autre univers.

Or, aujourd'hui on parle de notre univers ; de tout l'univers. Une façon juste de voir l'expansion rapide de l'univers à ses débuts est d'affirmer que tout l'univers s'expanse, que tous ses points qui le forme prennent de la distance les uns des autres. Fin de la petite parenthèse.

Au moment de l'ère de la grande unification, la force de gravitation se distingue des autres forces. C'est un peu drôle dit comme ça, mais la force de gravité s'est désuni des autres forces de la nature lors de la grande unification. Alors si on résume cette ère, l'univers grossi rapidement se refroidit et la force de gravité est distincte des autres forces naturelles.

3. L'ère électrofaible : de 10^{-36}s à 10^{-12}s

C'est à cette période que la force nucléaire forte se sépare de la force nucléaire faible et de la force électromagnétique. La force nucléaire faible et la force électromagnétique sont toutefois toujours liées entre elles : d'où le nom de l'ère électrofaible.

La force nucléaire forte a pu se séparer puisque l'univers était suffisamment froid pour que cela puisse se produire. On parle ici d'une température de 1×10^{28} Kelvins, ce qui est extrêmement chaud, mais déjà plus froid qu'au début de l'ère précédente.

4. L'ère inflationnaire : 10^{-36}s à 10^{-32}s

Comme son nom l'indique, durant cette période l'univers a subi une inflation importante : il s'est mis à grossir encore plus rapidement.

J'aurais plus à vous dire sur cette période, surtout au niveau des particules quantiques, mais ça deviendrait trop lourd et trop poussé pour ce chapitre.

5. Réchauffement : durée inconnue

Au début de cette période, la vitesse d'expansion de l'univers diminue de manière drastique pour laisser place au réchauffement de l'univers.

Durant cette période, l'univers est principalement formé de rayonnement et les premiers électrons, quarks[79] et neutrinos[80] se forment.

6. Baryogénèse : de 10^{-32}s à 10^{-12}s

L'univers compte beaucoup plus de baryons et d'antibaryons[81]. Chose étonnante et encore inexpliquée scientifiquement aujourd'hui, l'univers comporte plus de baryons que d'antibaryons. Durant cette période, l'univers est comme une grosse soupe de quarks-gluons sous forme de plasma[82].

7. Ère des quarks : de 10^{-12}s à 10^{-6}s

Entre la Baryogénèse et l'ère des quarks, un évènement d'une durée instantanée s'est produit ; la brisure de la supersymétrie.

On aurait besoin d'un chapitre complètement dédié à la supersymétrie[83], mais ici notez seulement que l'évènement qui a fait passer la Baryogénèse à l'ère des quarks est relié à la supersymétrie.

Dans l'ère des quarks, c'est là que les particules fondamentales de l'univers possèdent une masse en fonction d'un mécanisme appelé le mécanisme de Higgs.

---

[79] Voir chapitre sur le modèle standard de la physique des particules
[80] Voir chapitre sur le modèle standard de la physique des particules
[81] Voir le chapitre sur le modèle standard de la physique des particules
[82] Un état de la matière dans la suite : Solide=>Liquide=>Gazeux=>Plasma
[83] Peut-être dans un prochain livre ? Qui sait…

Les quatre forces de la nature sont maintenant distinctes ; les forces nucléaires fortes et faibles se séparent. La gravité, la force électromagnétique, la force nucléaire faible & forte sont toutes indépendantes et sous la forme qu'on les connait aujourd'hui.

L'univers continue à se refroidir, mais il est encore trop chaud pour que les liaisons Quark => Hadrons puissent survenir.

8. L'ère hadronique : de 10^{-6}s à 1s

Une seule seconde s'est passée depuis le début de l'univers et déjà beaucoup de choses se sont produites.

On entre maintenant dans l'ère hadronique. L'univers est maintenant assez froid pour permettre la création de hadrons[84], des protons et des neutrons. C'est aussi à ce moment que le découplage des neutrinos[85].

9. L'ère des leptons : de 1s à 10s

Ici les choses commencent un peu à ralentir, on entre dans une ère qui a duré 9 secondes. Je rappelle que la combinaison toutes les périodes qu'on a parlé précédemment se déroulent en 1 seconde.

La fin de l'ère hadronique survient lorsque la grande majorité des particules hadroniques disparaissent en rentrant en contact avec des anti-hadrons. C'est ainsi que l'ère des leptons commence ; lorsque les hadrons abandonnent leur dominance pour laisser la place aux leptons et antileptons. Vers la fin de cette ère, l'univers

---

[84] Voir chapitre sur le modèle standard de la physique des particules
[85] Voir chapitre sur le modèle standard de la physique des particules

devient assez froid pour ne plus produire de pairs leptons/antileptons qui finissent par s'annihiler entre eux.

10. L'ère des photons : de 10s à 300000 ans

Cette longue période de 300000 ans est celle où les photons dominent de leur présence dans l'univers en entrant en interactions avec les électrons, protons et noyaux atomiques.

Cette période survient en même temps que d'autres périodes qu'on va détailler dans les prochains points.

11. Nucléosynthèse : de 3 minutes à 20 minutes après le Big Bang

Après les premières minutes suivant le Big Bang, on voit la création des tout premiers atomes.

C'est à ce moment que les particules subatomiques entrent en interactions pour former des structures atomiques et ainsi voir de la matière ordonnée se former.

Le processus de nucléosynthèse est possible grâce à la fusion nucléaire[86] qui nécessite une certaine pression et surtout une certaine température pour se produire.

Les conditions idéales à la fusion nucléaire ont été remplies durant environ 17 minutes. Ensuite, la température de l'univers est devenue trop froide pour continuer la nucléosynthèse, ce qui a mis fin à cette ère.

---

[86] Voir le chapitre sur E=mc^2

Les premiers atomes n'étaient que des atomes d'hydrogène et d'hélium.

12. Domination de la matière : durant 70000 après le Big Bang

On entre maintenant dans une période qui dura 70000 ans, à la suite de la période de Nucléosynthèse. Durant cet intervalle de temps, la densité de la matière (constitué principalement de noyaux d'atome) et la densité des rayonnements (sous forme de photon) sont égales dans tout l'univers.

13. Recombinaison : à 300000 ans après le Big Bang

À partir de 300000 ans après le Big Bang, l'univers s'est assez refroidi pour prendre une forme qui commence tout doucement à ressembler à ce qu'on connait en termes de structure de la matière.

Les atomes d'hydrogène et d'hélium sont les premières structures atomiques à voir le jour. Ils sont principalement sous forme d'ions (donc avec aucun électron dans leurs orbitales).

L'univers devient de moins en moins dense et laisse donc plus de place au vide. Plus l'univers se refroidi, plus les électrons vont finir pas interagir avec les noyaux d'atomes et venir se lier avec eux pour rendre les atomes électriquement neutres : d'où le terme recombinaisons (le nom de cette période).

La principale conséquence de la recombinaison des électrons avec les noyaux d'atome est que l'univers va passer de « opaque » à « transparent ». Ce qu'on veut dire par là c'est qu'avant, l'univers était tellement dense que les photons (donc la lumière) ne pouvaient pas circuler librement.

Avec la recombinaison, les photons peuvent voyager librement dans l'univers, ce qui le rend transparent. Ces premiers photons libres, on peut encore les voir aujourd'hui sous forme d'un « fossile cosmique » connu sous le nom de « fond diffus cosmologique ».

14. Âges sombres : durée de la période inconnue

Dans le dernier point, on mentionnait que l'univers est devenu transparent 300000 ans après le Big Bang ; lorsque sa densité lui a permis de faire de découplage matière-lumière permettant ainsi aux photons de circuler librement. Suivant ce découplage, on entre dans les âges sombres.

À ce moment de l'histoire de notre tout jeune univers, il n'y avait pas encore de structures macroscopiques célestes importantes (étoiles, nébuleuses, galaxies, etc.).

Il n'y avait donc pas de source de lumière particulière, d'où le terme âges sombre. La durée de cette période reste indéterminée encore aujourd'hui. Les âges sombres ont terminé lorsque les premières sources de lumière se sont formées (les premières étoiles et quasars).

15. Réionisation : 150 millions à 1 milliard d'années « post » Big Bang

Cette période dure quand même beaucoup plus longtemps que celles précédentes, soit 850000000 ans. C'est lors de la réonisation que les premiers quasars se forment par effondrement gravitationnel (que de la matière se ramasse ensemble pour former un objet céleste à cause de la force gravitationnelle[87]).

Les quasars ont la particularité d'émettre de fortes radiations ce qui a pour effet d'ioniser toute la matière présente dans l'univers : le plasma est le principal état de matière dans l'univers à cette époque.

16. Formation d'étoile : durée de la période inconnue

Les premières étoiles commencent alors à se former. Qui dit formation d'étoiles dit formation de réacteurs de fusion nucléaire naturels ; qui dit à son tour formation de nouveaux éléments.

Eh oui, à l'époque c'était que de l'hydrogène et de l'hélium qui étaient présents dans l'univers. Les autres éléments n'étaient pas encore formés puisque la fusion nucléaire est responsable de leur création. Comme il n'y avait pas d'étoile aux débuts de l'univers, il n'y avait pas de réaction de fusion nucléaire stable pour former des éléments plus lourds que l'hélium.

17. Formation de galaxies : durée de la période inconnue

La présence d'étoiles dans l'univers a pour conséquence directe de voir la création de structures d'étoile : les galaxies. Les galaxies primitives se sont

---

[87] Déformation de l'espace-temps occasionné par la masse pour être exact

formées il y a environ 13.2 milliards d'années selon les observations les plus récentes, notamment à l'observatoire du télescope Keck à Hawaii au sommet du volcan Mauna en 2007.

18. Formations des groupes, amas, superamas de galaxies

Un peu dans le même principe que le point précédent, les galaxies, une fois formées, peuvent, elles aussi, faire partie de structures encore plus grandes. C'est ainsi que naissent les groupes de galaxies et les amas/superamas de galaxies dans l'univers.

19. Aujourd'hui

On vient de passer au travers des principales étapes qui ont mené à la création de notre univers jusqu'à ce qu'on puisse observer aujourd'hui. Bien que certaines périodes demeurent encore un peu floues, on ne cesse d'effectuer de nouvelles découvertes avec l'avancée technologique qui permet de percer les nombreux secrets de l'univers.

13,8 milliards d'années après le Big Bang, on voit aujourd'hui la beauté que réserve la nature à la fois sur notre chère planète Terre et aussi dans l'immense univers qui s'ouvre, sous sa plus grande élégance, à nos yeux lors des douces nuits au ciel clair.

Prenez un instant pour bien y penser ; à quel point la succession d'évènements s'échelonnant sur une treizaine de milliards d'années a fait en sorte qu'à ce moment précis vous êtes en train de lire ces lignes.

Sans l'instant « **t** » qui a été le début de tout, l'instant « **t** » qu'est le Big Bang, il n'y aurait pas eu de vous, ni de moi, il n'y aurait, peut-être, eu que l'obscurité ; l'inexistence.

L'incertitude modale de l'unification macro-quantique

Au début du XX siècle, les débuts de la physique quantique commencent à être explorés par les scientifiques de l'époque. C'est là que plusieurs théories naissent : intrication quantique, dualité onde particule, les quantas, l'effet photoélectrique et j'en passe. On remarque rapidement que la physique quantique est un monde mystérieux, compliqué et complètement contre-intuitif. L'une des plus grandes hypothèses de la physique quantique, formulée par le professeur Frederic Aldwin Karl Eisenhour en 1956 est ; l'incertitude modale d'unification macro-quantique.

Ce nom peut vous faire peur cher lecteur ou chère lectrice, mais n'ayez crainte, nous allons démystifier le sujet du mieux qu'on peut. Allons-y étape par étape en commençant par analyser le nom de cette hypothèse.

Il y a premièrement le terme « incertitude » qui va faire intervenir le côté probabiliste de la physique quantique. Toute personne ayant des connaissances sur la physique quantique vous dira qu'effectivement la mathématique probabiliste est au cœur de bien des phénomènes quantiques (les orbitales par exemple).

Ensuite le terme « modal » vient de la mécanique vibratoire qui signifie qu'un mode est la fréquence auquel un objet en vibration aurait s'il faisait partie d'un système masse-ressort.

Vous remarquerez dans les prochaines lignes qu'aucun système de masses reliées avec des ressorts n'est dans l'hypothèse d'incertitude modale d'unification macro-quantique, mais un phénomène analogue à un système masse-ressort peut se produire.

Finalement le terme « unification macro-quantique » désigne le lien entre un phénomène à l'échelle macroscopique peut avoir un comportement quantique.

Vous vous souvenez peut-être de la lecture de précédents chapitres où l'on mentionnait que les phénomènes quantiques ne se produisent qu'à petite échelle (celle des atomes). On va cependant voir dans ce présent chapitre que c'est n'est pas toujours le cas dans certaines conditions bien spécifiques.

Maintenant que le nom de l'hypothèse de l'incertitude modale d'unification macro-quantique fait moins peur, on peut se lancer sur en quoi consiste cette hypothèse suggérée par notre cher professeur Einsenhour. Comme d'habitude, prenons un exemple théorique pour bien illustrer de quoi qu'on parle :

Prenez deux objets célestes d'une taille et masse approximative à celle de la Terre. Nommons ces objets planète « A » et planète « B ». Si ces deux planètes orbitent autour d'un trou noir, mais au-delà de l'horizon des évènements[88] et que ce même trou noir orbite autour d'un trou noir supermassif, alors les conditions d'incertitude modale d'unification quantique peuvent être remplies et produire un phénomène assez étrange.

La planète « A » qui tourne autour du premier trou noir peut se retrouver en verrouillage gravitationnel et ainsi avoir toujours la même face qui pointe vers le trou noir (comme la face visible de la Lune avec la Terre).

Le même phénomène peut aussi survenir avec la planète « B », mais à 180° sur l'orbite de la planète A. C'est là qu'un phénomène étrange peut survenir. Le principe d'incertitude modal d'unification quantique peut, en théorie, faire en sorte que la planète A et B s'effondre sur le trou noir et occasionner

---

[88] Voir chapitre sur les trous noirs

une instabilité orbitale de ce trou noir autour du trou noir supermassif duquel il orbite.

À son tour, le trou noir où orbitaient les deux planètes va venir s'effondrer sur le trou noir supermassif et créer un phénomène quantique de duplication astrale. Cela fait en sorte que le premier trou noir va s'effondrer avec une vitesse correspondant à celle de la lumière sur le trou noir super massif et atteindre son noyau avant d'être désintégré.

Par principe de conservation de la masse, du momentum et de l'énergie, l'intégrité du trou noir sera conservée et l'information de sa structure voyagera par un trou de verre avant de ressortir par un trou blanc, à un autre point de l'univers.

L'hypothèse d'incertitude modale d'unification macro-quantique fera en sorte que le trou noir va se rematérialiser avec les planètes « A » et « B » en orbite autour de ce dernier, à un tout autre endroit dans l'univers que leur point de départ.

OK, maintenant qu'on sait ce que le phénomène d'incertitude modale d'unification macro-quantique fait, on peut se demander, avec raison, pourquoi cela se produirait.

C'est là que les termes « modal d'unification » jouent leur rôle. Si on revient un peu en arrière, lorsque les planètes étaient en verrouillage gravitationnel autour de leur trou noir, la proximité entre le trou noir et le trou noir supermassif fait en sorte que la fréquence naturelle de vibration entre les deux astres (occasionné par l'équilibre entre la force gravitationnelle et la force centrifuge) est parfaitement égale à la constante fréquentielle de l'univers $f=432$ Hz.

Cette fréquence naturelle rentrera donc en résonance avec la courbure de l'espace-temps de l'orbite du trou noir. C'est cette résonnance qui permettra au phénomène macro-quantique de survenir et d'ainsi faire effondrer les planètes avec le trou noir et le trou noir avec le trou noir supermassif avant de voyager par le trou de verre et finalement ressortir par un trou blanc complètement intact.

Avant de conclure ce chapitre, faisons une petite parenthèse. Pour ceux et celles qui auraient lu la première page de ce livre, une note s'y trouve, je vous invite à aller la lire si ce n'est pas le cas. Ce présent chapitre est celui mentionné dans la note. Allez-y la lire avant de continuer la lecture de ce présent chapitre.

J'espère que vous ne serez pas trop déstabilisé d'avoir été dupé par ce chapitre qui n'est qu'une pure construction de mon imagination : rien n'est vrai dans ce qui a été dit (en fait presque rien n'est vrai) dans les dernières lignes.

Ce qu'il faut retenir de ce chapitre c'est qu'il faut être critique sur l'information scientifique ou non scientifique qu'on peut lire, entendre ou voir. Je suis personnellement une personne avec une bonne connaissance scientifique avec en bagage un diplôme d'étude collégiale en science de la nature et 90% d'un Bacc en génie aérospatial de compléter[89], mais comme vous l'a prouvé ce présent chapitre, l'information que je viens de vous donner est complètement fausse.

Rassurez-vous, ce n'est pas le cas pour les autres chapitres de ce livre : tous les autres chapitres de ce livre contiennent de l'information vérifiée et validée avec diverses sources. Je tiens à préciser que si vous vous êtes fait avoir par ce chapitre, ce n'est pas parce que vous êtes stupide, bien au contraire. Ce chapitre a été construit dans le but premier de mener en erreur le lecteur ou la lectrice afin qu'il ou elle croie l'information même si elle est complètement fausse. Le but second était de vous montrer que beaucoup d'information sur internet ou dans des livres peut être

---

[89] 99% au moment de la première publication de ce livre.

de la mauvaise information, que ce soit intentionnel ou non de la part de l'auteur. Je suis certain que maintenant vous serez plus vigilant avant de tenir pour acquise l'information que vous verrez à l'avenir □.

Pour finir aviez-vous remarqué les initiales du scientifique que j'avais nommé au début du chapitre ? Frederic Aldwin Karl Einsenhour : FAKE[90] □.

Maintenant, vous pouvez lire les prochains chapitres en paix, il n'y en aura pas d'autres comme celui-là.

---

[90] Faux, en anglais.

La théorie de la relativité restreinte

La théorie de la relativité restreinte fait partie des théories qui ont redéfini la science telle qu'on la concevait. Avant, on pensait que temps et les longueurs étaient toujours de la même durée et de la même distance, peu importe la vitesse et l'endroit où on se trouve dans l'univers. Et si je vous disais qu'une seconde peut-être plus ou moins longue du point de vue d'un observateur face à un autre et qu'un mètre est lui aussi plus ou moins long en fonction de comment on le regarde, comment on le mesure, vous me croiriez ?

Si vous pensez que je raconte n'importe quoi, rappelez-vous que ce n'est pas ce chapitre où il faut faire attention ce qui est vrai ou non[91].

Un ancien employé du bureau des brevets en Suisse, lui, fut le premier à dire que le temps et les longueurs sont relatifs. Je parle bien certainement ici de non le moindre et très célèbre Albert Einstein.

Albert fut le pionnier fondateur de ce qu'on appelle aujourd'hui la théorie de la relativité restreinte, publié en 1905. Dans ce chapitre, on va voir l'essentiel de ce que cette théorie mentionne sur la manière dont l'espace-temps se comporte en fonction de la vitesse par rapport à un référentiel inertiel. Avant de s'attaquer à cette théorie passionnante, partons de la base en mettant au clair certains principes primordiaux à comprendre pour la suite.

Tout d'abord, revenons un peu sur la mécanique newtonienne. En mécanique classique (newtonienne) on y va selon le principe de base que les vitesses sont des vecteurs qui

---

[91] Voir la note située à la page juste avant le premier chapitre de ce livre

peuvent s'additionner entre eux. Ces vecteurs vitesse possèdent donc une norme (la valeur absolue de la vitesse) et une direction dans l'espace. Ainsi, si on prend l'exemple d'une motoneige qui roule à vive allure dans un beau sentier enneigé à une vitesse de 70 km/h et que le motoneigiste lance une balle directement devant lui à une vitesse de 10km/h par rapport à lui-même ; alors du point de vue d'une personne se trouvant au bord du sentier elle verrait la balle aller à 70km/h+10km/h=80km/h.

Les deux vecteurs vitesse de la balle (sa vitesse par rapport au motoneigiste plus la vitesse de la motoneige) se sont donc additionnés ensemble pour obtenir une « vitesse absolue » par rapport au sol. Le même principe s'applique pour n'importe quelle autre addition de vitesse du point de vue de la mécanique classique. Pour de petites vitesses, ça fonctionne assez bien, mais les choses ne se passent pas ainsi lorsqu'on fait affaire à de grandes vitesses.

Vous vous souvenez peut-être de votre lecture sur le chapitre concernant la vitesse de la lumière. À l'époque, on avait mentionné que rien ne va plus vite que la lumière dans le vide : c'est-à-dire approximativement 300000km/s. On a donc une limite imposée par la nature sur la vitesse maximale qu'on peut atteindre. Contrairement aux limitations de vitesses sur les routes, ce n'est pas possible de dépasser ces limites[92] et d'au pire avoir une amende par les forces de l'ordre : non. Ici, la nature n'est pas du tout flexible : on ne dépasse pas la vitesse de la lumière[93], point à la ligne.

Donc si on prend par exemple un voyageur de l'espace qui se trouve sur la surface d'une comète qui voyage à 200000km/s dans notre système solaire par rapport au centre du soleil. Si ce voyageur (ou voyageuse) prend une lampe de poche, l'allume et

---

[92] Ne dépassez pas les limites de vitesse, c'est dangereux.
[93] Voir le chapitre sur si on dépasse la vitesse de la lumière.

la pointe dans la même direction de la trajectoire de la comète, alors selon le principe de la mécanique newtonienne, la lumière quitte la lampe de poche à 300000km/s (par rapport au voyageur) et du point de vue du centre du soleil elle devrait donc se déplacer à 200000km/s+300000km/s=500000km/s.

Oups, on a un problème ici : rien ne va plus vite que la vitesse de la lumière dans le vide, pas même elle-même. C'est donc impossible de mesurer une vitesse de déplacement de la lumière de 500000km/s par rapport au centre du soleil, on mesurait 300000km/s.

Ici vous me diriez sans doute : « Un instant François, ce que tu dis n'a pas de sens, tu viens de nous dire que la lumière quitte la lampe de poche à 300000km/s et que cette lampe se trouve sur une comète qui se trouve à voyager à 200000km/s par rapport au soleil. Là tu nous dis que depuis le soleil cette même lumière on la verrait se déplacer à seulement 300000km/s et non 500000km/s? » Et je vous répondrais : « Bienvenue dans le mode de la relativité restreinte ! ».

C'est tout à fait normal que vous soyez complètement perdu ici et que vous vous disiez que ce que je viens de dire n'est pas logique. Ne paniquez pas, comme d'habitude on va y aller une étape à la fois pour faire lumière sur cette contrainte obscure qu'impose la nature sur la vitesse de la lumière.

Petit conseil avant de poursuivre la lecture de ce chapitre, il est conseillé de bien prendre votre temps pour lire et comprendre ce qui suit et même de prendre des pauses si nécessaire. La théorie de la relativité restreinte est absolument accessible à tous, mais à une vitesse d'apprentissage relative[94].

Prenons le cas d'une voiture, phares allumés, qui se déplace sur une route infinie et bien droite (sans bosses ni tournants).

---

[94] J'assume entièrement les jeux de mots dans cette phrase

Sur la même route, au point de départ de la voiture, se trouve un observateur avec en main une lampe de poche allumée.

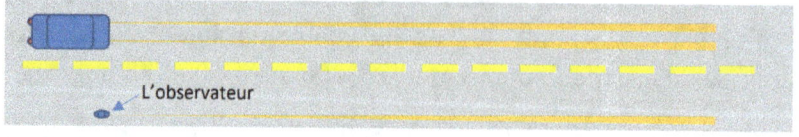

Au départ, la voiture est en mouvement au moment de croiser l'observateur. Ce dernier voit la lumière quitter les phares de la voiture à une vitesse de 300000km/s et même vitesse aussi pour la lumière de la lampe qu'il tient en main (oui on va dire qu'il a de super yeux).

Le conducteur qui se trouve à bord de la voiture voit la lumière quitter les phares à 300000km/s et lors qu'il regarde dehors la lumière de la lampe de poche il voit qu'elle a une vitesse de 300000km/s. Bon oui ici ça parait évident, mais c'est important pour la suite.

Prenons la même image de la même route, mais ajoutons-lui des lignes parallèles à une distance régulière (disons de 1 *blougne* (unité de distance fictive)) les unes les autres.

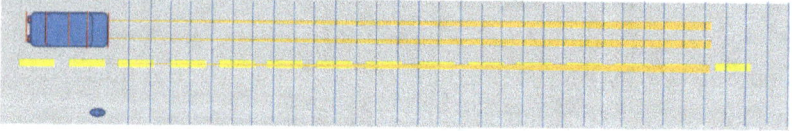

Admettons que la distance entre deux lignes est de précisément un *blougne*. On voit sur l'image des lignes parallèles verticales bleues et d'autres rouges. Imaginez que les lignes bleues sont peinturées sur la route, mais que les lignes rouges sont quant à elle peinturées sur la voiture. Peu importe la couleur, l'espace entre deux lignes bleues est d'un *blougne* et la distance entre deux lignes rouges est aussi d'un *blougne*.

Puisque les lignes rouges sont peinturées sur la voiture, il est logique de dire qu'elles vont se déplacer avec la voiture quand elle roule ; à la même vitesse que la voiture. Bon, encore une fois ici je dis que des trucs qui semblent évidents, c'est le cas, mais c'est toujours important pour la suite.

En se fiant à l'image, on voit que la voiture mesure donc 4 *blougnes* de longs. On va devoir la modifier un peu pour que ses phares ne soient plus à l'avant, mais plutôt à l'arrière tout en pointant dans la même direction initiale, donc vers l'avant du véhicule. Cela va nous permettre de mieux voir la distance parcourue par la lumière par rapport à la voiture et donc par rapport aux lignes rouges qui sont peinturées dessus. Reprenons la dernière figure en zoomant un peu et avec les modifications apportées à la voiture.

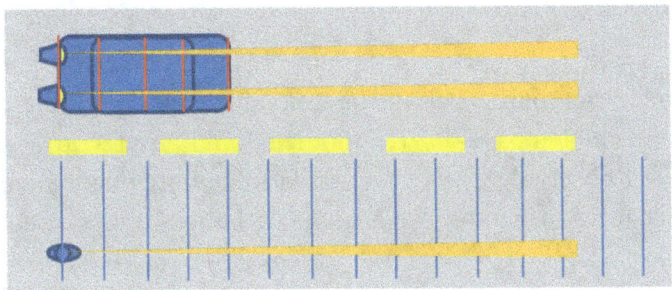

OK, maintenant allons une étape à la fois, vous allez voir ce n'est rien de sorcier. Si on prend l'hypothèse que la mécanique newtonienne est vraie, avec des référentiels absolus en termes de temps et de longueur. On se rappelle que selon cette hypothèse, on ne tient pas compte de la limite que rien ne va plus vite que la vitesse de la lumière et que les vitesses s'additionnent de manière vectorielle.

Dans cet exemple, imaginer que la voiture roule déjà avec ses phares allumés. On a aussi l'observateur qui reste immobile par rapport au sol avec sa lampe de poche allumée dans la direction de la trajectoire de la voiture, donc de manière bien parallèle à la route.

Imaginons que la lumière est composée de petites billes, des photons[95], et qu'on va comparer sur un intervalle de longueur le déplacement entre un photon qui quitte un phare de la voiture et un photon qui quitte la lampe de poche. Voyons voir ce qui se passe lorsque la voiture roule pendant un cours intervalle de temps:

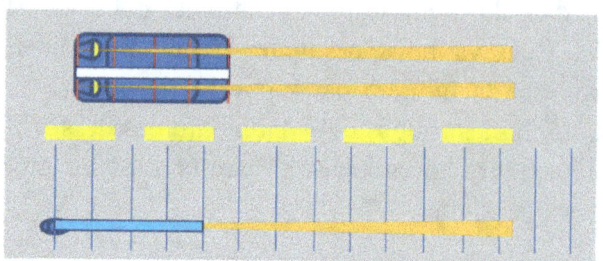

On voit la longueur de la ligne blanche qui correspond à la distance parcourue par un photon qui a quitté le phare de la voiture au temps « 0 » (le moment où l'arrière de la voiture croise l'observateur). Il y a aussi la ligne horizontale bleue pour la distance du photon qui a quitté la lampe de poche au même instant.

À noter qu'ici effectivement vous avez peut-être remarqué, que la ligne blanche est de la même longueur que la ligne bleue, mais son bout est plus loin sur la route que celui de la ligne bleue. Cela est parce que la voiture s'est déplacée et que la distance parcourue par la lumière du phare est égale à la distance qu'elle a parcourue par rapport à la voiture plus le déplacement de la voiture.

Ainsi la lumière des phares a parcouru une distance plus grande que la lumière de la lampe de poche sur un même

---

intervalle de temps : elle irait donc plus vite. On sait que cette situation est impossible, parce que : dans un même milieu, on ne peut pas avoir un faisceau de lumière qui voyage plus ou moins vite qu'un autre.

Maintenant, prenons un autre exemple en prenant en compte la limite imposée par la vitesse de la lumière constante et que rien ne va plus vite.

C'est ce que Einstein s'est dit : le temps n'est pas absolu, l'espace (longueurs) n'est pas absolu, mais la vitesse de la lumière est absolue & constante, peu importe le référentiel (endroit et direction). D'accord, on peut affirmer ça, mais ça veut dire quoi concrètement ? Selon Einstein, lorsqu'on atteint de grandes vitesses proches de celle de la lumière, et bien les longueurs se contractent dans le sens du déplacement et le temps se dilate (va plus lentement par rapport à un référentiel inertiel). C'est peut-être difficile à digérer sur le coup, mais on va voir pourquoi il a raison.

On doit garder un truc bien important en tête avant de continuer : la vitesse de la lumière est toujours la même, peu importe le référentiel où on se trouve (en restant bien sûr dans un même milieu optique). Oui je me répète, mais ce n'est pas pour rien.

Si on commence par la contraction des longueurs ; Einstein a dit que les longueurs se contractent dans le sens du déplacement. Attention, on ne doit pas affirmer qu'un mètre devient plus court qu'un mètre. On doit voir cela qu'un mètre en mouvement (à une vitesse proche de celle de la lumière), paraitra plus court par rapport à un mètre qui sera resté immobile.

Plaçons-nous maintenant dans le référentiel de l'observateur immobile au sol. De son point de vue, c'est la voiture qui se déplace rapidement et ce qui est autour de lui (la route) ne bouge pas. Donc, de son point de vue, la voiture va subir une contraction de sa longueur. Voici à quoi ça va ressembler :

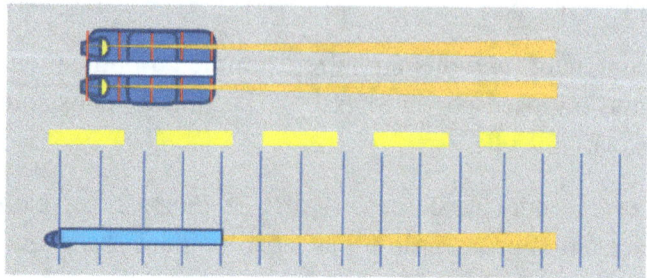

Ici on voit sur la figure que les la ligne blanche et la ligne horizontale bleue ont leurs deux extrémités de droite qui arrive au même endroit : donc du premier coup d'œil on pourrait dire que les deux faisceaux vont à la même vitesse.

En prenant l'échelle des lignes verticales bleues, on voit que la lumière de la lampe de poche a parcouru 4 *blougnes* et même chose pour la lumière des phares qui a son extrémité droit (de la ligne blanche) pile-poil alignée avec celle de la ligne bleue.

On voit aussi que sur l'échelle de la voiture, la lumière des phares a parcouru 4 blougnes dans l'échelle des longueurs contractées (composée des lignes rouges verticales). Ça semble donc bien aller, mais souvenez-vous que la vitesse de la lumière doit être égale, peu importe le référentiel. Donc si maintenant à la place de prendre le référentiel depuis le sol, on prend le référentiel de la voiture.

Quand on est le conducteur dans la voiture, la voiture ne bouge pas par rapport à nous, mais c'est plutôt le sol qui semble défiler sous nos pieds. Dans ce référentiel, c'est donc le sol qui est en mouvement et qui devrait subir la contraction des longueurs. Voyons voir ce que ça donne :

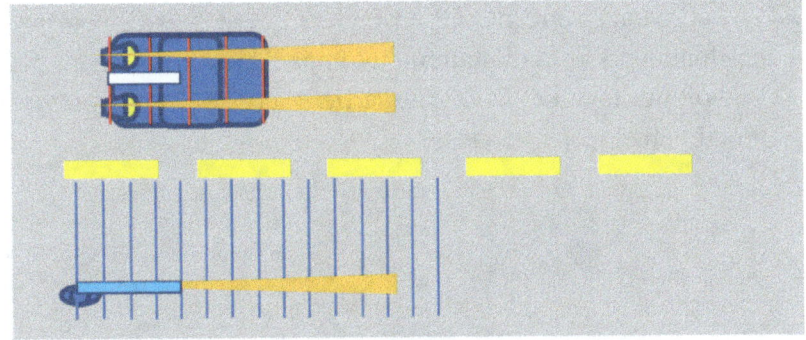

Alors on voit que rien ne fonctionne : la lumière au sol va trop vite, elle parcourt 4 mètres pendant que celle dans la voiture n'a même pas le temps d'en parcourir 2.

N'ayez crainte, il y a une solution à la fin.

Vous vous en rappelez peut-être qu'on avait mentionné que le temps se dilate pour un objet ayant une vitesse proche de celle de la lumière. Encore une fois, une seconde ne devient pas plus longue qu'une seconde. C'est que du référentiel de l'observateur au sol, son temps va passer plus rapidement comparativement au temps dans l'automobile.

Ainsi, si on prend deux chronomètres parfaitement synchronisés, qu'on en laisse un dans la poche de l'observateur et l'autre dans le coffre à gants de la voiture qui roule ; on va se rendre compte après un certain temps que le chronomètre dans la voiture aura du retard par rapport à l'autre cadran dût à la dilatation du temps.

Alors ce qu'on va faire c'est de combiner contraction des longueurs et dilatation du temps, mais il faut aussi ajouter un troisième paramètre bien important pour que tout fonctionne : l'inclinaison du temps. C'est quoi l'inclinaison du temps ? C'est bien moins compliqué que ce que son nom semble dire.

Reprenons notre dessin en incluant cette fois la contraction des longueurs et la dilatation du temps. On va maintenant placer la voiture lorsque sa partie arrière croise l'observateur est prendre quelques marques.

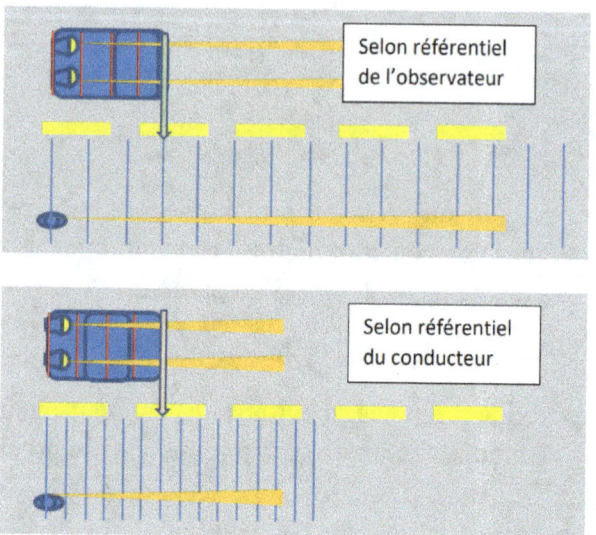

On voit ici deux fois la même figure à une seule différence près : l'image du haut est dans le référentiel de l'observateur au sol est l'image en dessous est selon le référentiel du conducteur dans la voiture. Donc dans l'image du haut ce sont les longueurs de la voiture qui sont contractées et dans l'image d'en dessous c'est l'inverse qui se produit.

On voit aussi que dans les deux images, l'arrière de la voiture est parfaitement aligné avec l'observateur au sol : on est donc au temps « 0 ». Attardons-nous maintenant à l'avant de la voiture. Dans le référentiel de l'image du haut, on voit qu'au temps « 0 », l'avant de la voiture est à 3 *blougnes* selon l'échelle au sol. Si on change de référentiel en allant dans l'image du bas (référentiel du conducteur) on voit que l'avant de la voiture semble être à 6 *blougnes* par rapport au sol au temps « 0 ».

153

On va prendre cette fois l'image du haut et y placer trois chronomètres :

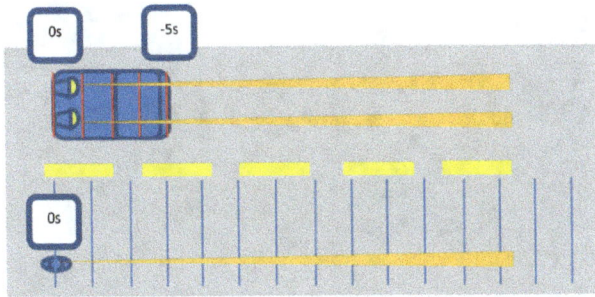

On a donc le chrono à 0s à l'observateur, à 0s au derrière de la voiture et à -5s devant la voiture (juste devant le pare-brise, donc la 4e ligne rouge à partir de l'arrière). Alors pourquoi l'un des chronomètres est à moins 5 secondes (-5s) ? Est-ce qu'il a voyagé dans le temps ? Eh bien pas tout à fait, ce qu'on voit c'est l'inclinaison du temps que je vous parlais il y a quelques lignes. Il y donc un gradient de temps entre le derrière et le devant de la voiture selon le référentiel de du sol. Voyons une succession d'image qui va bien montrer la dynamique de ce qui se passe :

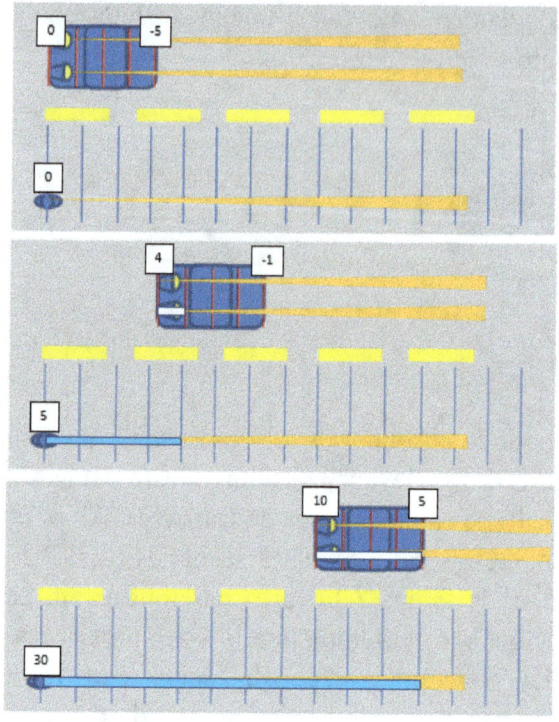

Si on analyse un peu la succession d'images ci-dessus, on voit premièrement les 3 chronomètres dans le référentiel de l'observateur au sol. Au départ le chronomètre de l'observateur est à zéro, celui à l'arrière de la voiture est aussi à zéro et finalement le troisième est à -5 secondes étant donné l'inclinaison du temps. Lorsqu'on passe sur les images, on voit que les deux faisceaux de lumière progressent à la même vitesse (leurs bouts se suivent toujours, il n'y a pas une ligne qui va plus vite que l'autre). On voit aussi (des deux sources de lumière) qu'après 5 secondes du chronomètre de l'observateur, la lumière a parcouru 4 *blougnes* verticales bleues et que quand on atteint 5 secondes sur le chronomètre à l'avant de la voiture, la lumière des phares a parcouru 4 *blougnes* rouges. Donc tout fonctionne maintenant ! Dans le référentiel de l'observateur les deux faisceaux se déplacent à la même vitesse et les deux faisceaux parcours la même distance de leurs échelles respectives en exactement le même temps (relativisé).

Avant de crier victoire, souvenez-vous ce que j'ai dit plus tôt : ça doit aussi fonctionner dans le référentiel du conducteur. C'est-à-dire, on doit vérifier que tout fonctionne si on se place du point de vu que c'est la route qui défile sous nous et que la voiture, elle, ne bouge pas par rapport à nous. Reprenons le même principe de succession d'images, avec le nouveau référentiel :

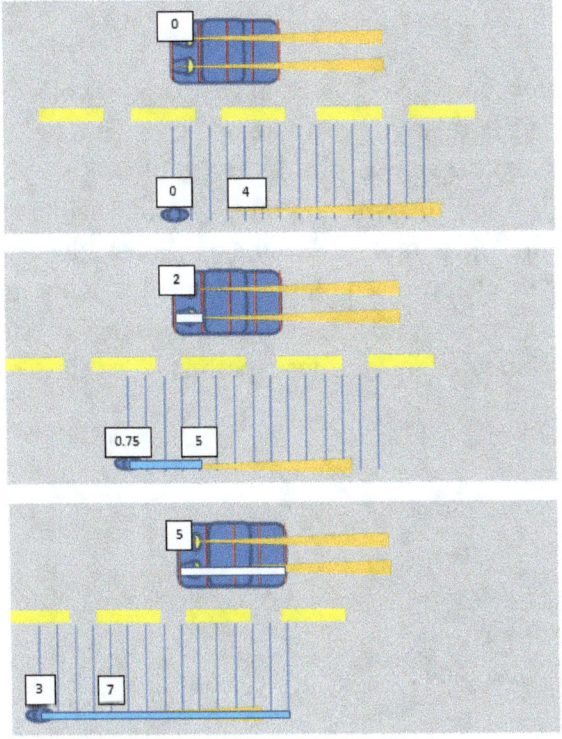

En analysant les images, on voit que la lumière des phares et de la lampe de poche est allée à la même vitesse. Et que dans les deux cas la lumière des phares a en 5 secondes (du chrono de la voiture) parcouru 4 *blougnes* rouges et que la lumière de la lampe de poche a en 5 secondes (du chrono à la situé à 4 blougnes bleus) parcouru 4 *blougnes* bleus.

TOUT FONCTIONNE !

C'est donc la solution : contraction des longueurs dans le sens du déplacement, dilatation du temps pour ce qui se déplace et gradient de temps.

Je vous l'accorde, c'est complètement tiré par les cheveux : mais ça marche. Tout ça, seulement parce que ce qui est absolu dans l'univers, c'est la vitesse de la lumière ; pas les longueurs, ni même le temps.

Maintenant que vous avez lu ce chapitre, vous en savez déjà pas mal sur la relativité restreinte de Einstein et c'est tout à fait normal si vous avez besoin de le lire plus d'une fois avant de bien saisir ce qu'il contient. Vous verrez, à chaque fois que vous allez le lire, le temps de lecture va varier (donc relatif) et la longueur de chapitre semblera également plus ou moins longue (encore une fois relatif). La seule chose qui va rester constante est la lumière qui vous permet de lire ces pages.

Les unités

Les unités font partie intégrante de nos vies. On les croise tous les jours, parfois sans même le savoir. Vous les utilisez dans toutes vos recettes de cuisine, lorsque vous remplissez le réservoir de votre voiture, la devise de la monnaie que vous utilisez et sur bien d'autres sphères du quotidien.

Dans ce chapitre, on va s'attarder sur les unités de la science. Les termes « Joules », « mètre », « kilogramme », « seconde » vous sont probablement familiers. On va voir en détail à quoi sers les unités scientifiques, leurs origines et comment on les obtient. Vous allez voir, chères lectrices et chers lecteurs que les unités, une fois explorées, seront vous faire mieux comprendre le monde de la science.

On va d'abord aborder les unités « primaires » : un peu comme les « couleurs primaires », ces unités sont la base des unités qu'on retrouve en science.

Les unités « primaires » :

Le mètre [m] :

Le mètre est l'unité des longueurs physiques. C'est probablement l'une des premières unités qu'on apprend lors de notre parcours à l'école, à un très jeune âge. Le millimètre, centimètre, décimètre sont des divisions du l'unité longueur « le mètre » et on a aussi les kilomètres, mégamètres, gigamètres qui sont les multiples.

On se sert du mètre afin de calculer des distances autant pour les objets qui nous entourent que les plus grandes distances : par exemple entre deux villes et même entre deux planètes. Mais cette unité de longueur, elle vient d'où ? Comment on a défini l'étalon du mètre : quelle est sa source ?

Le mot « mètre » vient du grec « métron » qui veut dire « mesure ». Le mètre existe depuis bien longtemps : dans le coin du XVIIème siècle de notre ère. Au départ, le mètre correspondait au 1/10000000 d'une moitié de méridien terrestre.

C'est normal que pour la plupart d'entre vous que vous n'ayez rien compris de cette définition ; on va détailler un peu.

Établissons ce qu'est d'abord un méridien. Un méridien est tout simplement une « part de tarte » de la Terre : oui notre planète. Si on prend le point qui se situe exactement au pôle Nord et un second point au pôle Sud et qu'on trace une ligne qui suit la courbure de la terre entre ces deux points : on a alors tracé un méridien, c'est-à-dire un cercle[96] qui fait le tour de la Terre en passant par les pôles. Alors on peut techniquement tracer une infinité de méridiens en se fiant à seulement cette définition, mais ça n'aurait aucune utilité. C'est pourquoi qu'à l'époque, les scientifiques et explorateurs ont décidé de définir qu'il y a 360 méridiens terrestres : donc tous séparés d'un degré sur la circonférence terrestre. Visuellement, ça donne quelque chose comme ça :

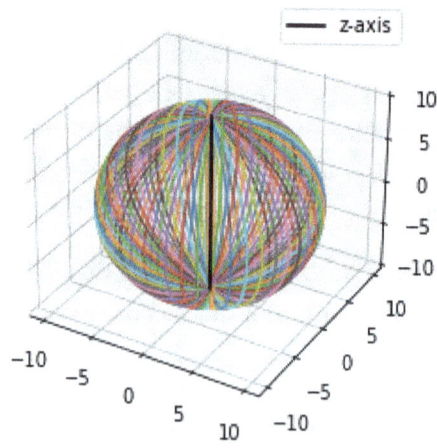

---

[96] Ellipse pour être exact

J'ai tracé le graphique ci-dessus avec le langage de programmation Python. Il contient 45 cercles ayant tous en commun un axe vertical (en z) et séparé par 8° entre eux. C'est équivalent à la représentation d'un méridien sur quatre (90 demi-cercles à la place de 360), car les représenter tous ressemble juste à une grosse boule de couleur.

Alors si on prendre la longueur d'un demi-méridien (donc la distance en ligne droite entre un pôle et l'équateur de la Terre) et qu'on divise cette longueur en dix millions de parties, et bien la longueur de chaque partie égale est d'exactement un mètre.

Ok ça peut paraître tordu par les cheveux cette définition, mais c'était ça à l'époque. Cette définition pose aussi problème, car ce n'est premièrement pas super évident de prendre une corde part d'un pôle jusqu'à l'équateur et d'ensuite la diviser en dix millions de morceaux égaux. Bon, en utilisant un peu leurs savoir-faire de l'époque, les scientifiques étaient capables, à l'aide d'instruments, de déterminer le mètre étalon, mais la précision n'était pas non plus au top. Pendant longtemps cette définition faisait l'affaire, mais plus le temps avançait, plus la précision devenait importante et il a donc fallu changer la définition du mètre.

Les gens ont donc décidé de créer un mètre étalon : une barre de métal qui « mesurait » exactement un mètre. Alors l'entièreté des êtres humains de la terre avait comme référence un objet unique qui définissait le mètre. On voit tout de suite que ce n'est pas du tout pratique encore une fois : sauf pour les voisins qui habitent proche de cet objet. Il fallait vraiment se déplacer jusqu'à ce mètre étalon pour vérifier qu'un ruban d'un mètre mesure bien un mètre : c'était un peu chiant[97] non ?

Encore une fois, il a fallu redéfinir le mètre et puis encore.

---

[97] Désolé de mon langage un peu cru que je vous en conjure.

Concentrons-nous sur la définition qu'on lui donne aujourd'hui : le mètre est la longueur que parcours la lumière dans le vide en (1/299 792 468)ème de seconde. Souvenez-vous à l'époque on a parlé de la vitesse de la lumière dans le vide dans le chapitre « La vitesse de la lumière ». On disait qu'à chaque seconde, la vitesse parcourt 299 792 468 mètres, donc si on divise une seconde par 299 792 468 et qu'on prend la distance parcourue par la lumière durant ce petit intervalle de temps : on a exactement un mètre. L'avantage de cette définition c'est qu'on ne dépend plus d'un objet physique pour définir le mètre, mais il reste qu'on a besoin d'instruments très précis pour le déterminer. En pesant les pour et les contre, la définition du mètre actuel et la meilleure.

Seconde [s] :

J'ai volontairement placé la seconde à la seconde place dans l'énumération des unités primaires.

Jeu de mots à part : parlons de la seconde, l'unité de temps. Pour mesurer un intervalle de temps, on utilise la seconde.

Soixante secondes c'est une minute et soixante fois soixante secondes c'est une heure. Si on multiplie par vingt-quatre fois ce résultat: on obtient le temps d'une révolution de la Terre sur elle-même. Si on reformule simplement : une seconde est le résultat du temps que prend la Terre pour faire un tour sur elle-même divisé par 24, puis en 60 et encore une fois par 60. C'est pas mal la première définition de ce qu'est une seconde. Encore une fois, comme dans le cas des premières définitions du mètre : ça pose problème.

En basant la définition d'une seconde par la vitesse de rotation de la Terre, ça ferait bien si cette vitesse était constante. Ouais, la vitesse de rotation de la Terre n'est pas la même de jour en jour (de pas beaucoup cependant) en raison des marées.

Bon, quand on n'avait pas besoin d'une grande précision pour définir une seconde : ça faisait l'affaire.

Afin de pallier à ce petit problème, les scientifiques ont décidé de donner une nouvelle définition de l'unité de temps, cette fois-ci basé sur la rotation de la Terre autour du soleil. Une année dure 365 jours (approximativement), donc si on prend une année et qu'on la divise par 365, ensuite par 24, puis 60 et encore une fois 60 : on a une seconde. C'est déjà mieux et plus constant que la première définition : mais ça pose encore problème ! En effet, comment déterminer exactement la durée d'une année ? Certains d'entre vous me diraient : « bah c'est facile, tu comptes 365 couchés ou levé du soleil et au 365e tu as une année de fait ». Et je vous répondrais : ouais, mais c'est approximatif 365 jours (pour la durée d'une année), car en réalité la durée d'une année est d'environ 365.2425 jours et c'est pourquoi qu'aux quatre ans on a une année qui compte une journée de plus pour bien balancer.

D'autres définitions ont donc dû être proposées pour s'entendre sur ce qu'est « la seconde ». Aujourd'hui une définition beaucoup plus rigoureuse a été faite de la seconde :

« La seconde est la durée de 9 192 631 770 périodes de la radiation correspondant à la transition entre les deux niveaux hyperfins de l'état fondamental de l'atome de césium 133, la définition de la seconde, fondée sur une propriété de la matière, relève désormais du domaine de la physique »[98]

Je suis certain que la plupart d'entre vous ont les yeux grand ouverts devant cette définition en vous disant que vous n'y avez pas compris grand-chose.

---

[98] Source de la définition : https://www.lne.fr/fr/comprendre/systeme-international-unites/seconde , consulté le 3 mai 2022.

Ce qui faut surtout retenir c'est que quand on a un atome de césium 133 et que dans des conditions bien précises on obtient un phénomène de radiation : on mesure 9 192 631 770 périodes de cette radiation est le temps nécessaire pour arriver à ce nombre de périodes c'est une seconde. L'avantage de cette définition c'est qu'elle est basée maintenant sur un phénomène physique et non un phénomène astral (rotation ou orbite d'astres). Pour ainsi dire : on a une définition compliquée, mais très précise d'une seconde et aussi cette définition restera valide même lorsque la Terre n'existera plus un jour à la fin de la vie de notre système solaire.

Kilogramme [kg] :

Le kilogramme est sans doute mon unité préférée. Pourquoi ? Parce que c'est lui qui a mis le plus de temps avant d'avoir une définition provenant de la physique : et cette définition (actuelle) est très récente.

Alors le kilogramme est l'unité de masse. Pourquoi pas le gramme qui est un millième d'un kilogramme ? Je ne sais pas c'est comme ça. C'est effectivement étrange d'avoir le terme « kilo » pour une unité de référence massique, car pour les autres unités on ne prend pas les kilomètres ni les kilosecondes comme référence. Bref, le kilogramme c'est l'unité de masse et il ne faut surtout pas dire que c'est l'unité de « poids ». Peut-être que vous savez déjà la différence entre une masse et un poids, mais établissons quand même bien la différence :

- Une masse c'est une quantité de matière.
- Un poids c'est la multiplication d'une masse par l'accélération gravitationnelle.

Ainsi, un objet d'un kilogramme aura toujours la même masse (d'un kilogramme) peu importe où il se trouve dans l'univers, mais son poids va varier en fonction du champ gravitationnel qui l'attire vers le sol.

Le kilogramme a longtemps été défini comme étant la masse d'un litre d'eau pure à une température de 4°C. Puisque pour réunir une température parfaite de 4°C et exactement le bon volume d'un litre d'eau : cette définition demeure pratique pour sa simplicité, mais difficile à obtenir en pratique.

C'est pourquoi que pendant longtemps, on a défini le kilogramme en fonction d'un objet qui « avait une masse d'exactement 1 kg ». On a gardé cet objet en sécurité pendant des années sous des cloches de verres pour qu'il ne s'abime pas et qu'il conserve toujours sa même masse. Car oui, si on ajoutait ou enlevait de la masse au kilogramme étalons : on modifie à chaque fois la définition de ce qu'est un kilogramme. D'ailleurs, des copies de l'étalon avait été fait pour « au cas où » le kilogramme étalon était endommagé ou perdu. Seul problème : avec les années, on s'est rendu compte que les copies et le kilogramme étalon divergeaient en valeur due à une perte de masse occasionnée par des phénomènes naturels.

C'est donc jusqu'en 2018 qu'on a utilisé l'objet étalon du kilogramme pour définir l'unité de masse pour ensuite se baser sur le calcul d'une constante de la nature (la constante de Planck) pour le définir. Comme dans le cas du mètre et de la seconde ; le kilogramme est maintenant, et depuis peu, défini en fonction de phénomènes de la physique.

Kelvin [K] :

Le Kelvin est l'unité de température. Eh non, ce n'est pas le °C ou le °F qui sont les rois de la mesure de la température. Tout d'abord il est important de bien définir ce qu'est la température avant de définir le Kelvin.

La température, c'est l'intensité d'agitation des particules : d'atomes ou de molécules. Parfois, pour ceux qui n'ont pas étudié les phénomènes thermiques et de transmission de la chaleur, il est parfois difficile d'établir la différence entre la température et la chaleur. La savez-vous cette différence ? Comme je disais, la température est la mesure de l'intensité de l'agitation des particules, tandis que la chaleur est un phénomène de transfert d'énergie thermique : c'est-à-dire l'énergie qui permet d'augmenter ou de diminuer l'agitation des particules, ce qui fait donc varier la température.

Alors puisque la température est une mesure, il faut bien sûr y mettre des unités. Plusieurs unités existent pour mesurer la température, en fonction du système d'unités utilisé : le degré Celsius, le degré Fahrenheit, le Kelvin ou le Rankine.

Puisque dans ce chapitre on parle des unités de mesure du système international d'unité, c'est du Kelvin qu'on va traiter et un peu du degré Celsius aussi.

On va mettre aussi quelque chose au clair : on ne dit pas « degré Kelvin », mais bien du « Kelvin », contrairement au « degré Celsius » qui ne se dit pas « le Celsius ». C'est comme ça par convention.

Bref pour en revenir à ce qui nous intéresse : ça vient d'où et ça fait quoi un Kelvin ?

Premièrement, parlons des limites de la température. En effet, on a bien défini que la température est fonction de l'agitation des particules. Donc plus les particules sont agitées, plus la température est grande et inversement.

Une question se pose : qu'arrive-t-il lorsque les particules ne s'agitent plus ? Dans ce cas, on atteint une limite : rien ne peut être plus froid que des particules non agitées. Cette limite, on l'appel de « zéro absolu », le point le plus froid physiquement parlant. À ce zéro absolu, on a déterminé la première borne de la définition du Kelvin : soit une température de zéro Kelvin (**0K**).

Bon, on sait où l'échelle du Kelvin commence, mais quel est « l'espace » que prend un Kelvin : les subdivisions qu'on verrait sur un thermomètre. C'est là qu'arrive le degré Celsius, déjà bien utilisé avant l'arrivée du Kelvin.

Pour définir le Celsius, rien de plus simple : 0°C c'est la température où l'eau gèle au niveau de la mer et 100°C c'est la température que l'eau bout encore une fois au niveau de la mer. Il suffit de division en 100 cet intervalle de température pour obtenir ce qu'est « un degré Celsius ».

Les scientifiques ont alors décidé que la variation de température qui correspond à celle d'un degré Celsius allait aussi correspondre à la variation de température associée à un Kelvin. Une formule très simple permet donc de faire la conversion entre les degrés Celsius et le Kelvin :

$$K = {}^{\circ}C - 273,15$$

Cette formule nous permet de voir que zéro Kelvin correspond à une température de -273,15°C : c'est très froid.

Ampère [A]:

L'ampère : cette unité qui permet la mesure de l'intensité d'un courant électrique. Avant tout, qu'est qu'un courant électrique ? Pour faire de l'électricité, on a besoin que des électrons[99] se déplacent. Ce déplacement d'électrons, on dit que c'est un courant électrique, un peu comme un courant d'eau dans une rivière, mais pour des électrons à la place des molécules d'eau. L'ampère est là pour donner une mesure à l'intensité de ce courant. Comme définir l'ampère ? Rien de plus compliqué en pratique, mais simple en théorie :

- Si on prend deux fils identiques, parallèles, dans le vide, de longueur infinie et d'un diamètre moyen assez petit

---

[99] Voir le chapitre sur l'atome

(par rapport à la longueur) pour être négligé. Et que dans ces deux fils on fait circuler un certain courant électrique. Quand on mesure entre ces deux fils une force linéaire de 2×10^{-7} Newton = 0,0000002 N : bien ça veut dire que l'intensité du courant électrique dans les fils et de 1 ampère. Car oui, c'est aussi important de leur dire : quand un courant circule dans un conducteur électrique (un fil par exemple), ce courant produit un champ électromagnétique. Donc quand les deux fils parallèles sont proches : leurs champs électromagnétiques entrent en interaction ce qui attire ou repousse les fils l'un de l'autre en fonction du sens du courant et de son intensité.

On doit être honnête : ce n'est pas la définition la plus facile d'une unité de mesure, mais elle est robuste et scientifiquement claire.

Mole [mol] :

Ahhh la molle : pas bien dure à comprendre cette unité : elle mesure une quantité de matière. Là vous allez dire : « Ce n'était pas la kilogramme qui était l'unité de la quantité de matière ? ». Pas tout à fait puisque le Kilogramme est l'unité de la masse et effectivement la masse correspond <u>à la</u> quantité de matière : mais pas à <u>une</u> quantité de matière précise.

Donc une mole c'est une quantité qui dénombre un certain nombre de particules. Donc par définition une mole correspond au nombre d'atome que contient 12 grammes de carbone 12 : c'est-à-dire $6,02 \times 10^{23}$ particules élémentaires. D'ailleurs « $6,02 \times 10^{23}$ » est un très grand chiffre et on l'appelle « le nombre d'Avogadro ». La mole est donc une quantité de particule ($6,02 \times 10^{23}$ particules) de matière.

Cette unité est particulièrement utile dans le domaine de la chimie, puisqu'en chimie on joue avec une énorme quantité d'atomes et de molécule pour modéliser et comprendre des réactions chimiques : d'où l'importance d'une unité qui permet de bien représenter des quantités de matière sans s'y perdre.

Candela [cd] :

La dernière unité primaire du système international d'unité, et non la moindre, et la Candela. Cette unité est celle qui permet d'éclairer le cœur des passionnés de la science : elle mesure l'intensité lumineuse.

On définit une Candela comme étant l'intensité lumineuse d'une source, dans une direction donnée, qui émet un rayonnement de lumière monochromatique (donc d'une seule couleur) avec une fréquence de 540×10^{12} Hz et que lorsqu'on mesure l'intensité de l'énergie dans la direction de cette lumière on obtient une valeur de 1/683 watt par stéradian. Le bureau international des poids et mesure définit le stéradian comme étant « l'unité cohérente d'angle solide. Un stéradian est un angle solide d'un cône qui, ayant son sommet au centre d'une sphère, découpe sur la surface de cette sphère une aire égale à celle d'un carré ayant pour côté une longueur égale au rayon de la sphère »[100]. Graphiquement ça ressemble à ça un stéradian :

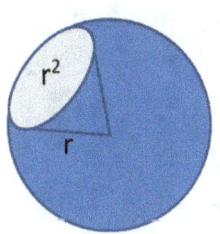

Bref, ce n'est pas le stéradian qui nous intéresse dans ce chapitre, mais il était quand même important de le spécifier puisqu'il se retrouve dans la définition de la Candela. Ce qu'il

---

[100] Source : https://fr.wikipedia.org/wiki/St%C3%A9radian, consulté le jour international de Star Wars : le 4 mai 2022.

faut surtout retenir c'est qu'une Candela est l'unité qui est associée à la mesure de l'intensité lumineuse d'une source de lumière. Un petit truc pour se rappeler de son nom ; en anglais bougie se dit « candel » donc il suffit d'y ajouter un « a » à la fin.

Unités « secondaires » :

Pour le moment, on a défini et détaillé les unités « primaires » du système international d'unités. Pourquoi on dit que ces unités sont « primaires » ? Comme on avait dit au début de ce chapitre ; c'est un peu dans le même sens que les « couleurs primaires ». Donc avec un assemblage de ces unités, on est en mesure de construire toutes les unités « secondaires ». Les unités secondaires sont bien plus nombreuses que les unités primaires : il y en a des dizaines voire centaines. Ne vous inquiéter pas on ne va pas toutes les détailler, mais plutôt montrer en exemple quelques-unes (des plus utilisés), pour bien saisir la différence avec les unités primaires.

Si on prend l'exemple du Newton[101]. Cette unité est utilisée pour mesurer l'intensité d'une force. Vous vous souvenez peut-être, on en a parlé quelques fois dans les chapitres précédents. Le Newton est composé du kilogramme, du mètre et de la seconde. On définit le un Newton [N] par :

$$[N] = \frac{[kg][m]}{[s]}$$

On voit donc bien pourquoi le Newton est une unité secondaire : un composé d'unités primaires.

D'autres unités secondaires très utilisées sont les Pascal [Pa] (l'unité de la pression), le joule [J] (unité d'énergie), le Volt [V]

---

[101] Pas le scientifique, mais bien de l'unité qui porte son nom.

(unité du potentiel électrique), le Watt [W] (unité de la puissance) et j'en passe !

J'espère que vous en avez appris sur les unités qui sont utilisées en science et dans la vie de tous les jours et surtout sur leurs origines et définition physique.

Le modèle standard de la physique des particules

Nous voilà au dernier chapitre de ce livre. Soit que vous vous dites « déjà ! :o » ou « enfin... »[102]. Pour ce dernier chapitre, vous allez voir : c'est du lourd ! On va se plonger dans l'univers de l'infiniment petit. Encore plus petit que celui des atomes qu'on avait abordé au premier chapitre. Plus petit que des atomes ? Oui !

Ce chapitre traite des particules subatomiques et plus précisément du modèle physique qui permet de les décrire. On a déjà parlé de quelques-unes de ces particules : les protons, les neutrons et les électrons. Et si je vous disais qu'il en existe d'autres : beaucoup d'autres. Pour bien terminer ce livre, on va se téléporter dans le monde quantique pour définir ce qui nous compose, ce qui nous entoure : les particules subatomiques.

On va récapituler un peu ce qu'on a déjà vu sur l'infiniment petit avant de se lancer dans le vif du sujet :

- La matière est composée de minuscules éléments ; les atomes.
- Les atomes sont composés de petites particules ; les neutrons, les protons et les électrons.
- À l'échelle des atomes, la physique classique ne s'applique plus ; c'est la physique quantique qui domine.

Bon, en ayant ça en tête, on a déjà l'intuition[103] que l'infiniment petit, malgré sa taille, doit probablement contenir plus que seulement 3 particules. On va voir qu'effectivement, il y a beaucoup de particules subatomiques ; surement plus que vous pensez et dont certaines échappent à l'entendement.

---

[102] Si c'est le cas : au moins vous avez poursuivi votre lecture jusqu'à la fin ☐

[103] C'est intuitif, non ?

Avant de toutes les nommées, définir et expliquer à quoi elles servent, voici un tableau qui regroupe toutes les particules

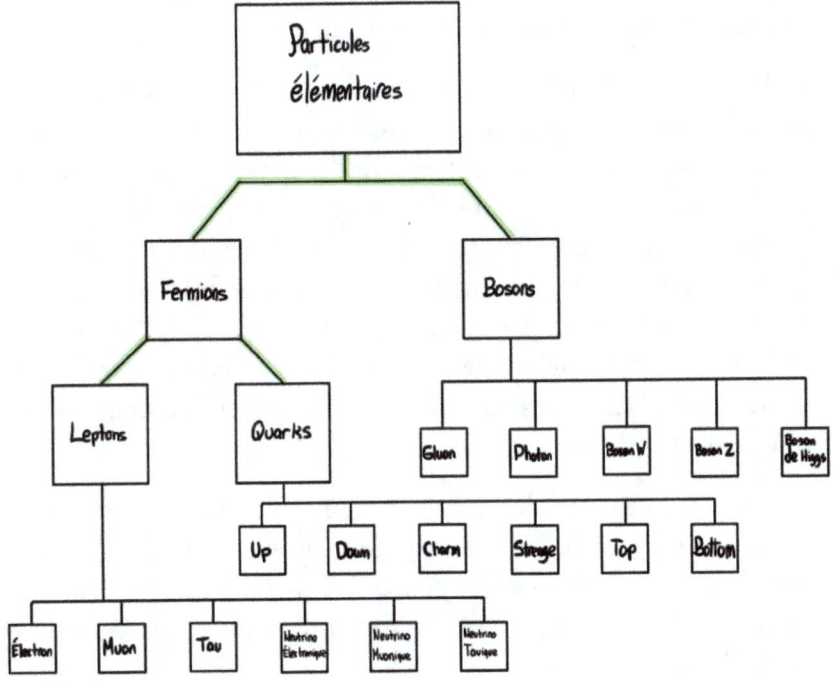

subatomiques :

Alors vous voyez bien qu'il a du monde chez les particules du modèle standard de la physique des particules ! Et on va passer au travers de tout ça ensemble pour qu'à la fin, vous alliez voir, vous allez avoir les bases de la physique des particules.

Avant tout, on doit se poser des questions assez pertinentes : à quoi ça sert ce modèle en science ? Qu'est-ce qu'il permet de comprendre et qu'est-ce qu'on peut en tirer ? C'est légitime de se poser ces questions, car certains scientifiques ont passé leur carrière à construire et tester le modèle standard de la physique des particules ; des particules qu'on n'est même pas capable de voir à l'œil nu.

On ne peut pas répondre à ces questions en une seule phrase malheureusement, mais gardez-les en tête.

Le premier chapitre de ce livre présentait les atomes. On y avait dit que les atomes composent ce qui nous entoure ; que ce sont les composants élémentaires de la matière. On avait aussi détaillé un peu la structure des atomes, les particules qui les composent et aussi ce qui les différencie. On aurait pu s'arrêter là et se contenter de dire que les particules (neutrons, protons et électrons) sont ce qu'il y a à la base de tout et qu'elles-mêmes ne sont pas constituées d'autres choses. La nature n'en a pas décidé ainsi : les neutrons et les protons eux sont composés de plus petites particules.

On autre chapitre de ce livre parlait de la fameuse formule $E=mc^2$: l'équivalence masse-énergie. On voit donc qu'il y a un lien étroit entre la masse (la matière) et l'énergie. Et comme la matière est composée de particules : il y a donc aussi un lien entre elles et l'énergie.

Autre chose importante à considérer dans les phénomènes de la physique sont les phénomènes qui n'implique pas nécessairement la matière, par exemple dans le cas de la lumière, les forces nucléaires, les ondes électromagnétiques ou encore la gravitation[104]. Est-ce que ces phénomènes impliquent des particules ?[105]

Le modèle standard[106] regroupe donc l'électromagnétisme, les forces nucléaires et les particules subatomiques en un seul et

---

[104] Il faut que la gravitation cause un réel problème dans le cas du modèle standard de la physique des particules.

[105] Ouais.

[106] Pour le reste du chapitre on va seulement dire « modèle standard », car « modèle standard de la physique des particules » est beaucoup trop long à

même modèle. Bien entendu, la physique quantique sera de la partie dans ce chapitre et donc certains phénomènes étranges et contre-intuitifs peuvent se présenter.

À noter que malgré sa robustesse, modèle standard à toutefois ses limites. En effet, il n'explique pas la gravitation comme la théorie de la relativité générale d'Einstein la décrit. Il n'explique pas la composition de la matière noire[107]. Le modèle n'explique pas non plus pourquoi l'univers est en expansion en accélérant. Il explique, cependant, beaucoup d'autres trucs.

Les particules élémentaires

Les particules élémentaires sont composées de plusieurs groupes qui se différencient par leurs caractéristiques physiques.

Les Fermions

On a d'abord les Fermions. Les fermions sont les particules qui possède un spin de ½. Ok, « c'est quoi le spin? » me demanderiez-vous : il faudrait consacrer un chapitre complet sur le sujet, mais pour comprendre la suite dites-vous que le spin n'est qu'une caractéristique d'une particule qui peut prendre une valeur de ½ ou de –½. On récence 12 particules qui possède un spin de ½, donc il y a 12 fermions dans le modèle standard. Chacune des particules fermions possède une « antiparticule ».

Une antiparticule c'est tout simplement une particule qui possède exactement la même masse et le même spin que sa « particule », mais dont le nombre quantique diffère : donc simplement dit, une antiparticule à seulement sa charge électrique de signe opposé à celle de sa particule. Un bon exemple c'est avec l'électron : on électron possède exactement la même masse et le même spin qu'un positron. Seule

---

écrire et alourdit le texte déjà assez dense.

[107] Dont on sait l'existence par les observations cosmologiques

différence: un électron à une charge électrique négative et le positron une charge électrique positive.

Si on revient au diagramme en arbre du début du chapitre, on voit que les Fermions se classifient en deux sous-groupes : les leptons et les quarks. Ces sous-groupes contiennent chacun leur particule qui se classe à leur tour en « génération ». Une génération est un classement assez simple : c'est classer les particules selon leur masse, donc une particule de première génération est plus « légère » qu'une particule de troisième génération. C'est utile de les classer ainsi, car seules les particules qui se retrouvent dans la première génération composent la matière. Celles dans les deux autres sont trop instables et se désintègrent rapidement lorsqu'elles sont créées : elles perdent donc de la masse pour se transformer en particule de première génération.

Pour se donner une idée de l'organisation des différentes particules des Fermions entre elles, voici un tableau qui illustre bien leurs différences :

Particule	Notation	Charge élect.	Couleur (charge forte)	Masse en keV/c²	Spin
Électron	e	-1	1	511	1/2
Neutrino électronique	v_e	0	1	<255	1/2
Quark Up	u	+2/3	Rouge,vert,bleu	~3	1/2
Quark Down	d	-1/3	Rouge,vert,bleu	~6	1/2
Muon	μ	-1	1	106	1/2
Neutrino muonique	$v_μ$	0	1	<190	1/2
Quark Charm	c	+2/3	Rouge,vert,bleu	~1.3	1/2
Quark Strange	s	-1/3	Rouge,vert,bleu	~100	1/2

Tau	τ	-1	1	1.78	1/2
Neutrino tauique	v_τ	0	1	<18.2	1/2
Quark Top	t	+2/3	Rouge,vert,bleu	171	1/2
Quark Bottom	b	-1/3	Rouge,vert,bleu	~4.2	1/2

Si on regarde rapidement le tableau, on voit que pour chaque particule il y a une notation (une lettre) pour rapidement identifier la particule concernée. Ensuite il y a la charge électrique dont la valeur absolue de la charge est de 1. On dit que la charge est positive si un « + » se trouve devant la valeur de la charge, qu'elle est de charge neutre si elle est de 0 et d'une charge négative si le chiffre possède un «-» devant.

Vient ensuite un paramètre un peu étrange « les couleurs » ou aussi appelé « charge forte » : sans entrer dans les détails c'est seulement une caractéristique des particules qu'on a appelée « couleur », mais c'est n'est pas la couleur qu'on voit avec nos yeux. Donc une particule ayant une charge forte « bleue » ne serait pas bleue si on pouvait la voir à l'œil nu, même chose si la charge forte est « rouge » ou « verte », on ne verrait pas ces couleurs.

Finalement l'avant-dernière colonne montre la masse des particules en $[keV/c^2]$ et non en kilogramme, car le chiffre serait beaucoup trop petit pour comparer les particules entres elles. Il est toutefois possible d'effectuer une conversion d'unité entre les kilogrammes [kg] et les kiloélectronvolts par la vitesse de la lumière au carré $[keV/c^2]$.

Les leptons

Les leptons sont un sous-groupe des Fermions. Ces particules ne sont pas sensibles aux interactions fortes. Les particules qui font partie des Leptons sont les neutrinos, les tauons, les muons et les électrons. Faisons un court aperçu du rôle de chacune d'entre elles :

- Les neutrinos existent en trois « catégories » ou aussi dit « saveurs »[108] : les neutrinos électroniques, muoniques et tauiques. Ça ne fait pas si longtemps que l'onconnait l'existence de ces particules puisqu'elles n'ont pas vraiment tendance avec la matière autour d'elles. Ce sont donc dans des conditions d'expérience bien précises qu'il est possible de mesurer leurs caractéristiques.

- Les tauons sont très semblables aux muons et aux électrons, mais sont moins stables et surtout plus massifs. Comme chacune des particules du modèle standard, on devrait accorder des chapitres entiers pour aller explorer les phénomènes physiques dont les tauons sont responsables, mais il faudra se contenter de cette courte description[109].

- Les muons est presque le jumeau de l'électron, sauf au niveau de sa plus grande masse et il est également très instable. Si vous voulez devenir ami avec un muon jour ; ne vous attendez pas d'avoir une longue et heureuse relation, sa durée de vie moyenne est de 2 microsecondes à peine.

- Les électrons, on les connait bien ! On en a parlé dès le début de ce livre, au premier chapitre, et à quelques autres endroits également. Les électrons permettent aux atomes d'être électriquement stables, de faire des liens chimiques, de faire de l'électricité, de l'électronique, de l'observation microscopie par jet d'électrons et j'en passe ! Cette petite particule et très importante dans une

---

[108] N'essayez pas de les goûter, ça ne goûte pas grand-chose.

[109] À moins que vous ne vouliez que j'écrive un autre livre parlant exclusivement des particules subatomiques, de leurs rôles précis et plus encore ?

vaste étendue de phénomène physique qu'on utilise dans la vie de tous les jours. Sans les électrons, vous ne seriez pas là pour lire ces lignes et ces lignes n'auraient pu exister.

Les quarks :

Les quarks sont des particules assez spéciales : elles ne peuvent exister toutes seules. Qu'est-ce que je veux dire par là ? Je m'explique :

Les quarks se combinent ensemble pour former les « hadrons ». Donc quand on voit un hadron et qu'on zoom dessus[110], on verrait qu'il est composé de quarks, mais que si on essayait de prendre avec des pinces[111] un quark pour l'isoler seul dans un coin ; il va tout simplement disparaitre puisqu'il ne peut pas exister seul.

Les quarks interagissent ensemble avec les interactions fortes (interactions nucléaires fortes) grâce à des particules qui s'appellent les gluons[112].

On dénombre six particules dans le sous-groupe des quarks :

- Les Up
- Les Down
- Les Charms
- Les Stranges
- Les Top
- Les Bottoms

---

[110] Dans notre tête et non dans la vraie vie, car ils sont trop petits pour les voir.

[111] Imaginaire, car aucune pince ne serait assez petite.

[112] On va en parler un peu plus tard de ces particules, mais je voulais mentionner qu'en anglais « colle » c'est « glue » donc les gluons agissent un peu comme de la colle entre les quarks pour qu'ils s'attirent les uns vers les autres pour former les hadrons.

On pourrait détailler les différences de chacun au niveau de leurs caractéristiques et leurs fonctions, mais probablement que ce chapitre deviendrait tellement lourd que vous auriez le goût de jeter ce livre par la fenêtre et ne pas le finir[113].

Ce qu'il est important de retenir ce que certaines combinaisons de ces particules forment de hadrons, qu'on appelle des « particules composites ».

Parmi les hadrons, il y en a deux dont on a déjà parlé dans ce livre : les protons et les neutrons. Il existe plusieurs hadrons en physique des particules, mais en voici quelques-uns :

Proton : Composé de 2 Up et un Down	**Neutron :** Composé de deux Down et un Up	**Pion chargé pi$^+$:** Composé d'un anti-Down et d'un Up	**Méson B^0 :** Composé d'un anti-Bottom et d'un Down
Antiproton : Composé de 2 anti-Up et un anti-Down	**Lambda :** Composé d'un Up, d'un Down et d'un Strange	**Kaon :** Composé d'un Down et d'un anti-Strange	**J/phi :** Composé d'un anti-Charme et d'un Charme

Les Bosons

Parlons d'abord des Bosons de Jauge qui sont en quelque sorte les « engrenages », « câbles », « colle » entre les autres particules.

Ils jouent un rôle primordial pour expliquer la nature des forces fondamentales de la nature : 3 forces sur les 4 forces de la nature. Eh oui, ici on est situé à une limite du modèle standard. Les bosons expliquent bien les interactions nucléaires fortes et

---

[113] Complétez votre lecture jusqu'à la fin, je pense que ça en vaut la peine.

faibles, ainsi que l'électromagnétisme : mais pas la gravitation. Il n'y a pas de « particule de graviton », connu à ce jour, pour faire le lien entre la théorie de la relativité générale d'Einstein et la physique quantique. On espère un jour percer ce mystère, mais beaucoup de recherches, d'avancés technologie et d'expériences restent à faire avant de trouver la solution.

Les bosons possèdent un « spin entier » : donc pas de demi-spin comme dans le cas des Fermions. Voici un tableau qui montre bien les différents bosons et sur ce qu'ils font dans la vie :

Nom	Notation	Charge électrique	Masse	Spin	Rôle
Gluon	g	0	0	1	Interactions nucléaires fortes
Photon	γ	0	0	1	La lumière et interaction électromagnétique
Boson W	$W^{\pm}$	± 1	80.4 GeV/c^2	1	Interactions nucléaires faibles
Boson Z	Z^0	0	91.2 GeV/c^2	1	Interactions nucléaires faibles

On voit dans le tableau que deux particules sont de masse nulle : les photos et les gluons. Ces particules n'ont aucune masse et peuvent donc se déplacer à la vitesse de la lumière. Et tant mieux, car imaginez si les photons avaient une masse : votre écran de téléphone vous enverrait à prêt de 300000 km/s des particules qui vous désintègrerait littéralement.

Les rôles des particules de type Bosons de Jauge sont dans le tableau ci-dessus et je vous recommande fortement d'aller relire le chapitre sur les 4 forces de la nature et celui sur la vitesse de la lumière pour bien les comprendre, si jamais votre lecture remonte il y a trop longtemps.

Le boson de Higgs : la particule de Dieu[114]

Le boson de Higgs est la particule découverte il y a le plus récemment : en 2013 à la suite d'expériences réalisées en 2012. Dit grossièrement : la validation de l'existence de cette particule règle de nombreux problèmes de la physique tout en créant de nouveaux. Elle possède une masse approximative de 125.38 ± 14 GeV/c^2 (CMS 2020). Le boson de Higgs est une particule qui était « espérée » dans le modèle standard des particules pour valider quelques théories établies. Cependant, dans cette section de ce chapitre on va non pas se concentrer sur à quel point le boson de Higgs est important, mais plutôt sur comment il a été découvert : comme plusieurs autres particules subatomiques d'ailleurs.

Car oui, comment on découvre les particules subatomiques si on n'est même pas capable de les voir ? De manière contre-intuitive, on découvre et mesure les caractéristiques des particules subatomiques est les plus grandes infrastructures physiques de la science moderne : les accélérateurs de particules.

Comme le dit leur nom, les accélérateurs de particules accélèrent des particules et pas juste un peu. Si on prend le plus grand accélérateur de particules, le CERN[115], il est grand de plusieurs kilomètres. En forme d'un grand anneau, le CERN peut faire accélérer des milliers de particules à des vitesses

---

[114] Peu importe vos croyances, c'est l'un des noms que les scientifiques donnés à cette particule.

[115] Conseil européen pour la recherche nucléaire

proches de celle de la lumière pour ensuite les faire entrer en collision ensemble.

Les particules (souvent des hadrons ou autres) se désintègrent à l'impact en leur différents constituants (les particules subatomiques) et des détecteurs spécialisés permettent de mesurer les caractéristiques de ces particules et donc d'en apprendre plus sur elles (même parfois en découvrir des nouvelles comme dans le cas du Boson de Higgs).

Je dois avouer que ce chapitre était assez dense et qu'on a passé très vite sur le sujet des particules élémentaires de la matière. On a toutefois une belle vue d'ensemble du modèle standard des particules et donc une meilleure idée de la manière dont la matière est composée pour donner l'univers qui nous entoure.

Conclusion

Vous venez de terminer votre lecture de ce livre : Le Référentiel. Dans les chapitres qui le compose, on a exploré différents phénomènes de la physique. Il y a bien d'autres sujets qui aurait pu être présent, mais afin de ne pas rendre le livre trop lourd dans votre sac à dos, il a fallu en choisir que quelques-uns. J'espère que vous avez aimé votre lecture et la manière que j'ai vulgarisé ces sujets de la science moderne en essayant d'y mettre de ma personnalité et mon humour.

Références :

Atomes

https://nuclearsafety.gc.ca/fra/resources/radiation/introduction-to-radiation/atoms-where-all-matter-begins.cfm#:~:text=Un%20atome,comme%20leur%20nom%20l'indique.

Tableau périodique des éléments :

https://fr.wikipedia.org/wiki/Tableau_p%C3%A9riodique_des_%C3%A9l%C3%A9ments

https://www.google.com/search?q=tableau+p%C3%A9riodique+dessin&tbm=isch&ved=2ahUKEwjXy_jehcv1AhWkqnIEHRXVCIkQ2-cCegQIABAA&oq=tableau+p%C3%A9riodique+dessin&gs_lcp=CgNpbWcQAzIFCAAQgAQ6BwgAELEDEEM6BAgAEEM6CAgAEIAELEDUIUEWNMTYIUWaABwAHgAgAGlAYqB7QSSAQM3LjGYAQCgAQGqAQtnd3Mtd2l6LWltZ8ABAQ&sclient=img&ei=jvPuYdfMEqTVytMPlaqjyAq&bih=601&biw=1280&rlz=1C1EXJR_enCA903CA903#imgrc=GJPywSbMRDOJrM

https://fr.wikipedia.org/wiki/Orbitale_atomique

Vitesse de la lumière : https://fr.wikipedia.org/wiki/Vitesse_de_la_lumi%C3%A8re

https://www.huffingtonpost.fr/2016/12/07/comment-jupiter-a-permis-la-determination-de-la-vitesse-de-la-

lu_a_21622297/#:~:text=Celle%2Dci%20est%20d'env
iron,est%20de%20299.792%20km%2Fs

http://expositions.obspm.fr/lumiere2005/imag
es/dossierpedago/pedagopage3.pdf

$E=mc^2$

https://fr.wikipedia.org/wiki/E%3Dmc2

Fentes d'Young quantique (à vérifier si
c'est le bon nom maintenant)

https://fr.wikipedia.org/wiki/Fentes_de_Youn
g

-1/12

https://www.youtube.com/watch?app=desktop&v=
xqTWRtNDO3U&feature=youtu.be

Circonférence de la Terre

http://therese.eveilleau.pagesperso-
orange.fr/pages/truc_mat/pratique/textes/eratos
te.htm

Trou noir;

https://fr.wikipedia.org/wiki/Trou_noir

https://parlonssciences.ca/ressources-pedagogiques/les-stim-en-contexte/quest-ce-que-la-vitesse-de-liberation

https://fr.wikipedia.org/wiki/Vitesse_de_lib%C3%A9ration#:~:text=Un%20objet%20ayant%20%C3%A9chapp%C3%A9%20%C3%A0,%C3%A0%20celle%20de%20la%20Terre.

https://fr.wikipedia.org/wiki/G_(acc%C3%A9l%C3%A9ration)

https://fr.wikipedia.org/wiki/Constante_gravitationnelle

Orbites :

https://www.universalis.fr/encyclopedie/decouverte-de-neptune/

Thermodynamique :

https://www.futura-sciences.com/sciences/definitions/physique-thermodynamique-3894/

https://lenergie-solaire.net/thermodynamique/lois-de-la-thermodynamique#:~:text=La%20premi%C3%A8re%20loi%20de%20la,univers%20a%20tendance%20%C3%A0%20augmenter.

https://fr.wikipedia.org/wiki/Entropie_(thermodynamique)

Lois de Newton :

https://fr.wikipedia.org/wiki/Lois_du_mouvem
ent_de_Newton

https://www.alloprof.qc.ca/fr/eleves/bv/phys
ique/la-premiere-loi-de-newton-p1088

L'énergie

https://www.alloprof.qc.ca/fr/eleves/bv/scie
nces/l-energie-s1079

https://fr.wikipedia.org/wiki/%C3%89nergie

https://www.alloprof.qc.ca/fr/eleves/bv/phys
ique/l-energie-cinetique-p1028

https://fr.wikipedia.org/wiki/%C3%89nergie_p
otentielle

https://www.alloprof.qc.ca/fr/eleves/bv/scie
nces/le-travail-la-force-et-le-deplacement-
s1094

Force :

https://fr.wikipedia.org/wiki/Force_(physiqu
e)

https://www.cea.fr/comprendre/Pages/matiere-
univers/essentiel-sur-4-interactions-
fondamentales.aspx

Big Bang :

https://fr.wikipedia.org/wiki/Big_Bang

https://fr.wikipedia.org/wiki/Histoire_de_l%27Univers

https://fr.wikipedia.org/wiki/Inflation_cosmique

Relativité restreinte :

https://fr.wikipedia.org/wiki/Relativit%C3%A9_restreinte#:~:text=La%20relativit%C3%A9%20restreinte%20est%20la,inertiels)%2C%20ce%20qui%20%C3%A9tait%20implicitement

Unités :

https://fr.wikipedia.org/wiki/Syst%C3%A8me_international_d%27unit%C3%A9s#Unit%C3%A9s_de_base

https://fr.wikipedia.org/wiki/M%C3%A8tre

https://fr.wikipedia.org/wiki/Seconde_(temps)

https://fr.wikipedia.org/wiki/Kilogramme

https://fr.wikipedia.org/wiki/Kelvin

https://fr.wikipedia.org/wiki/Amp%C3%A8re

https://fr.wikipedia.org/wiki/Mole_(unit%C3%A9)

https://fr.wikipedia.org/wiki/Candela

https://www.lne.fr/fr/comprendre/systeme-international-unites/seconde

https://www.sciencepresse.qc.ca/actualite/2020/09/11/seconde

Particules subatomiques :

https://fr.wikipedia.org/wiki/Particule_suba
tomique

https://fr.wikipedia.org/wiki/Particule_%C3%
A9l%C3%A9mentaire#/media/Fichier:Particules_%C3
%A9l%C3%A9mentaires.jpg

https://fr.wikipedia.org/wiki/Particule_%C3%
A9l%C3%A9mentaire

https://fr.wikipedia.org/wiki/Mod%C3%A8le_st
andard_de_la_physique_des_particules

www.ingramcontent.com/pod-product-compliance
Lightning Source LLC
Chambersburg PA
CBHW070542220526
45467CB00003B/1025